计算机应用基础实验上机指导

（第 2 版）

主　编　梅　毅
副主编　张　炘　熊　婷

北京邮电大学出版社
·北京·

内 容 简 介

本实验上机指导是配合《计算机应用基础教程》使用的,使学生能在学完《计算机应用基础教程》这门课程后,能独立和比较熟练地进行上机,解决后续课程和今后工作中遇到的计算机基本操作问题。实验指导中要求学生掌握大量的操作题与笔试选择题,这些题目的难度都是根据目前国家计算机等级考试一级、省高校非计算机专业计算机基础考试要求设计的。

本书共提供 32 个上机题,除实验 29～实验 32 需要 2 学时外,每个实验完成时间为 1 学时左右,对于理论与上机时间分开教学的老师,可把上机题有机组合,对于操作题与笔试选择题可作为课后作业或复习题。

学会该教材的内容,可使学生轻松应对本教学内容范围内的各种计算机等级考试。本实验指导可作为需要学习计算机基础知识人员参加国家计算机一级等级考试、省高校非计算机专业计算机基础一级等级考试用书,也可作为其他非计算机专业公共课和等级考试培训班的实验教材,还可满足办公自动化人员的自学需求用书。

图书在版编目(CIP)数据

计算机应用基础实验上机指导/梅毅主编. --2 版. --北京:北京邮电大学出版社,2012.9
ISBN 978-7-5635-3208-7

Ⅰ.①计⋯　Ⅱ.①梅⋯　Ⅲ.①①电子计算机-高等学校-教学参考资料　Ⅳ.①TP3

中国版本图书馆 CIP 数据核字(2012)第 205227 号

书　　名	计算机应用基础实验上机指导(第 2 版)	
主　　编	梅　毅	
责任编辑	陈　瑶	
出版发行	北京邮电大学出版社	
社　　址	北京市海淀区西土城路 10 号(100876)	
发 行 部	电话:010-62282185　传真:010-62283578	
E-mail	publish@bupt.edu.cn	
经　　销	各地新华书店	
印　　刷	北京联兴华印刷厂	
开　　本	787 mm×1092 mm　1/16	
印　　张	11.25	
字　　数	270 千字	
版　　次	2009 年 6 月第 1 版　2012 年 9 月第 2 版　2012 年 9 月第 1 次印刷	

ISBN 978-7-5635-3208-7　　　　　　　　　　　　　　　　　　定价: 25.80 元

· 如有印装质量问题,请与北京邮电大学出版社发行部联系 ·

前　言

　　计算机应用基础是一门实验性很强的学科,能熟练使用计算机已经成为人们最基本的技能之一。计算机应用能力的培养和提高,要靠大量的上机实验与实践来实现。本实验指导是《计算机应用基础教程》的配套教材,编写这本书的目的是加强基本知识的训练,一方面是是使学生学会本实验指导中的内容后,能独立和熟练地进行上机操作,解决后续课程和今后工作中遇到的计算机基本操作问题。另一方面是为学员参加全国、省市各种计算机考试(如高校非计算机专业的计算机基础考试、全国计算机等级考试一级考试、各种单位技术人员提升职称或职务的计算机考试等)服务。

　　本书共提供 32 个实验,除实验 29～实验 32 需要 2 学时外,每个实验完成时间约为 1 学时左右,采用理论教学与上机分开教学,在教学过程中,教师可把上机题有机组合,操作题与笔试选择题可作为课后作业或复习题。实验教学安排在机房教学,理论课时平均不要超过半学时(2 学时课),其余时间均由学生上机,老师积极辅导。按教材内容来分,第 1 章计算机应用基础知识提供 3 个实验上机指导题;第 2 章操作系统基础及 Windows XP 中文版提供 3 个实验上机指导题;第 3 章文字处理软件 Word 2003 中文版提供 5 个实验上机指导题;第 4 章 Microsoft Office Excel 2003 中文版提供 5 个实验上机指导题;第 5 章 Microsoft Office PowerPoint 2003 中文版提供 4 个实验上机指导题;第 6 章多媒体技术基础提供 3 个实验上机指导题;第 7 章网络基础知识和第 8 章 Internet 资源服务提供 5 个实验上机指导题。另有 4 个难度稍大一些的实验,均属于综合练习题,老师可以根据实际情况选择使用。

　　本教材由南昌大学科技学院计算机系组织,梅毅老师任主编,张炘副教授、熊婷老师任副主编,其中梅毅老师编写了实验 1～实验 11、实验 24～实验 32,张炘老师编写了实验 12～实验 13,熊婷老师编写了实验 14～实验 23 及一级试题。张炘老师对该教材进行了全面统稿和审核。邓伦丹、罗少彬、兰长明、周权来、罗丹、汪伟、赵金萍、卢钢、刘敏、李昆仑、汪滢、吴赟婷、邹璇、范晰、王钟庄、喻临生等老师对本书编写提出了许多宝贵意见。由于我们编写水平有限,时间紧,错误在所难免,恳请读者批评指出,我们将十分感谢,以便下次再版时改正。

　　本书在编写过程中,受到南昌大学科学技术学院及各部门领导和出版部门大力支持,对此我们全体编写人员对这些单位的领导和有关同志表示衷心感谢!

编　者

2012 年 6 月

目 录

实验 1 计算机的基本操作

【实验目的】

1. 学会启动和关闭计算机的方法；
2. 熟悉计算机键盘键位的分布及标准指法练习；
3. 练习使用打字软件来训练自己在计算机上输入英文或中文的能力。

【实验环境】

1. Windows XP 中文版；
2. 金山打字通或其他打字软件。

【实验示例】

1. 计算机启动方法

(1)冷启动。冷启动是用硬盘直接启动,注意开关顺序。冷启动时,先打开外部设备电源,后打开主机电源。一般来说打开电源的顺序是:打印机(如需要)、显示器、主机。数秒钟后,屏幕上出现启动 Windows 界面并自动登录(有些计算机在 Windows 登录后,显示登录框,输入用户信息后再登录)。

(2)热启动。在 Windows 系统下,如出现死机等情况,同时按下 Ctrl＋Alt＋Del 组合键,出现对话框,根据需要操作。

(3)用主机箱上的 Reset 键实现,按下该键即可,一般是当热启动不成功时才使用这种方法。因为热启动方法比该方法启动时间短,对计算机损耗也小。

2. 关机

与开机顺序相反,即先关主机,后关显示器和打印机(如预先开了打印机)。有以下几种方法:

(1)在 Windows 环境下,正常关机的步骤是单击任务栏左下方"开始"→"关机"→"关闭计算机"。

(2)同时按下 Ctrl＋Alt＋Del 组合键,出现对话框,选择"关闭计算机"。

(3)按下主机电源开关 5～10 秒,即可关闭计算机主机,这是一个非正常关机方式。

3. 指法训练方法

(1)键盘知识

键盘是微机的最常用的输入设备,它主要用来输入各种英文字母、数字、符号。键盘通过一根电缆线和一条 5 针插头与微机主机板上的 5 针 DIN 插座相连接。键盘按键的多少进行分类,一般可分为六类:83 键键盘、84 键键盘、101 键键盘、102 键键盘、104 键键盘和 108 键键盘,各类键盘甚至同类键盘在键的多少和排列位置上稍有不同,但使用上大同小异。现在微机大都使用 101 键以上键盘。为了有效使用 Windows 系统,104 键和 108 键的键盘逐渐流行起来,这是因为比以往键盘多了几个 Windows 专用键,方便用户操作 Windows。

目前一般使用的键盘如图 1.1 所示。

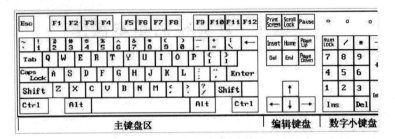

图 1.1 键盘

键盘上有许多控制键,它们的作用如表 1.1 所示。

表 1.1 键盘上控制键的功能

键 名	功 能
Tab	制表键,按一次此键可以使光标向右移动一个制表位,通常为 4 或 8,可由用户定义
Caps Lock	大小写字母转换键
Shift	按住该键,再按其他键,表示输入键位上面的符号,按英文字母键,输入字母可由小写变大写,或由大写变小写
Ctrl	控制键,一定要和其他字母键配合使用
Alt	控制键,一定要和其他字母键配合使用
空格键	按一次空格键可在光标处输入一个空格
Backspace	退格键,一般情况下,每按一次,删除光标前的一个字符,光标左移一个字符位置
Enter	回车键,常用来选择某种结果或使计算机开始执行某项操作
Esc	在各种软件中定义不同,一般用来中止某项操作
F1~F12	功能键,在不同的应用软件中,能够完成不同功能,可由用户设定
Print Screen	用于对屏幕进行硬复制
Scroll Lock	按下此键,对屏幕上的信息滚动显示
Pause Break	暂停键,常用 Ctrl+Pause 来终止当前程序的运行
Num Lock	小键盘上的字母锁定键,用来控制是输入数字还是作光标控制

(2)标准的击键姿势

初学键盘输入时,首先必须注意的是击键的姿势,如果初学时姿势不当,就不能做到准确快速输入,也容易疲劳。正确的姿势如图 1.2 所示。具体注意事项如下:

●身体应保持笔直,稍偏于键盘右方。

●应将全身重量置于椅子上,座椅要旋转到便于手指操作的高度,两脚平放。

●两肘轻轻贴于腋边,手指轻放于规定的字健上,手腕平直。人与键盘的距离,可移动椅子或键盘的位置来调节,以调节到人能保持正确的击键姿势为好。

●监视器宜放在键盘的正后方,放输入的稿件前,以便输入时阅读稿件。

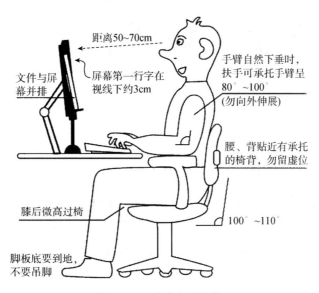

图 1.2 正确的击键姿势

（3）标准的键入指法

●基准键及其手指的对应关系如图 1.3 所示。

图 1.3 基准键及其手指的对应关系

基准键位于键盘的第二行,除上面指定的手指负责外,A 键左边键左小指负责,分号";"键右边健全由右小指负责,G 键由左食指负责,H 键由右食指负责,空格键由母指负责。

●字键的击法。手腕要平直,手臂要保持静止,全部动作仅限于手指部分(上身其他部位不得接触工作台或键盘);手指要保持弯曲,稍微拱起,指尖后的第一关节微成弧形,分别轻轻地放在字盘中央;输入时,手指抬起,只有要击键的手指才可伸出击键,击毕立即缩回,不要用摩触手法,也不要停留在已击的字键上;输入过程中,要用相同的节拍轻轻地击字键,不可用力过猛。

●键盘指法分区。在基准键位的基础上,对于其他字母、数字、符号都采用与 8 个基准键位相对应的位置来记忆。例如,左食指管理 4、5、R、T、V、B 键,左中指管理 3、E、C 键,左无名指管理 2、W、X 键,左小指管理 1、Q、Z 键,以上键的左边余下键全由左小手指管理。右食指管理 6、7、Y、U、N、M 键,右中指管理 8、I、<键,右无名指管理 9、O、>键,右小指管理 0、P、? 键,以上键的右边余下键全由右小指管理。

4. 金山打字通

金山打字通是为初学者练习中英文输入的专用软件,与之相类似功能的软件很多,练习时选择其中一种软件使用即可。图 1.4 是金山打字通示意图,根据需要选择英文打字、拼音打字、五笔字型、速度测试、打字游戏、上网导航、打字教程等功能学习。

图 1.4　金山打字通 2010 工作界面

【实验内容】

1. 学会正确启动计算机和关闭计算机的方法。

2. 利用金山打字通或相类似软件学习英文打字或汉字输入,汉字输入可使用智能拼音或五笔字型输入,注意保持正确的姿势和准确的击键方式。

实验 2　正确使用杀毒软件和汉字输入练习

【实验目的】

　　1.正确使用一种杀毒软件,练习杀除计算机中的病毒;

　　2.练习在编辑软件环境中正确输入汉字。

【实验环境】

　　1.Windows XP 中文版;

　　2.已安装好一种杀毒软件。

【实验示例】

1.在编辑软件中输入汉字

（1）利用 Windows XP 中的记事本练习输入汉字。在 Windows XP 启动成功后,单击
"开始"→"程序"→"附件"→"记事本",出现记事本窗口,选择汉字输入方法后就可以在窗口
中输入汉字,如图 2.1 所示。

图 2.1　记事本输入窗口

（2）利用 Windows XP 中的写字板练习输入汉字。在 Windows XP 启动成功后,单击
"开始"→"程序"→"附件"→"写字板",出现写字板窗口,选择汉字输入方法后就可以在窗口
中输入汉字,如图 2.2 所示。

2.杀毒软件的正确使用

（1）杀毒软件安装。在为自己的计算机安装杀毒软件时,就保证计算机硬盘上没有病
毒,否则当用户在安装杀毒软件时,病毒就会侵入到杀毒软件本身的程序中,破坏杀毒软件
的杀毒功能。

（2）当使用杀毒软件清除计算机中的病毒后,最好立即重新启动计算机,以免被杀的计
算机病毒残留在计算机内存中,当用户运行别的计算机程序时,内存中的病毒很有可能会侵
入到运行的程序中。

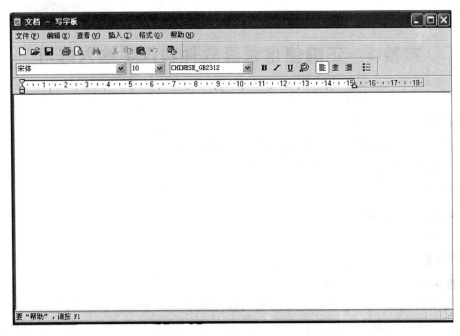

图 2.2 写字板输入窗口

(3)目前杀毒软件很多,如金山毒霸软件、瑞星杀毒软件、360 杀毒软件、卡巴斯基反病毒软件等。使用时注意连接 Internet,以便能及时更新病毒库,否则不能清除新出现的病毒。

【实验内容】

1.打开 Windows 记事本或写字板,输入下面这段文字:

计算机的发展史

世界上第一台计算机于 1946 年诞生在美国,并命名为 ENIAC(Electronic Numerical Integrator And Calculator)。由美国宾夕法尼亚大学研制成功。它是一个庞然大物,由 18800 多个电子管,1500 多个继电器,30 个操作控制台组成,占地 170 平方米,重 30 多吨,每小时耗电 150 千瓦。其运算能力是:每秒 5000 次加法,每秒 56 次乘法。比人快 20 万倍。在美国陆军弹道研究所运行了约 10 年。计算机经过 50 多年的发展,不仅在技术上,更是在应用上都是令人鼓舞的。其发展经过了"四代"。这四代的发展体现在五个方面:

一是计算机硬件方面,主要是元器件的发展。从电子管元件发展到晶体管元件,再到小规模集成电路、中规模集成电路、大规模集成电路、超大规模集成电路;硬件的发展还表现在从简单的外部设备(仅提供简单的输入输出设备)到多样化的外部设备的发展,如键盘、鼠标、数字化仪、扫描仪、音频输入器、手写输入设备、显示器、打印机、绘图仪、音频输出等。

二是运算速度方面,从每秒几十次发展到几万次、几十万次乃至数千万亿次。

三是系统软件方面,从裸机(不提供任何软件)发展到提供管理程序、操作系统、语言系统、数据库管理系统、网络软件系统、各种软件工具等。

四是计算机应用方面,从单一的科学计算应用发展到数据处理、图像处理、音频处理等应用;使计算机的应用领域从单纯的科学研究领域发展到社会上的几乎所有领域;随之激发了应用软件和应用软件开发技术的蓬勃发展;各种通用应用软件和专用应用软件如雨后春笋层出不穷,展现出了计算机应用灿烂的春天。

　　五是计算机技术的发展速度方面,计算机技术的发展周期越来越短,硬件的更新周期从5年缩短到2年、1年、8个月,直到现在的两三个月。软件的发展周期从10年缩短到5年、1年;而现在随时就有可能出现新的软件,令人目不暇接,而且如繁花似锦。因此,计算机是迄今为止的人类科学技术史上最重大的成就。

　　2.利用计算机中安装的杀毒软件,练习清除计算机中某一硬盘(如C盘或D盘)、指定的某盘符中的某一个文件夹、某一指定文件或自己使用的U盘(如自己有的话)中的病毒。反复练习,以便今后能熟练使用。

实验 3　计算机基础知识练习

【实验目的】

掌握本章的基础知识,熟悉利用计算机做练习题的方法,为今后的实验考核做准备。

【实验环境】

1. Windows XP 中文版;
2. Word 2003 中文版。

【实验方法】

把老师给的计算机基础知识试题的 Word 文档复制到自己工作计算机上,打开该文档,仔细阅读每道题目,把每题的正确答案(A、B、C、D 中的一个字母)填写到该题目中的括号中。做完后保存好自己的文档(用 U 盘保存),堂课最后 10 分钟再与老师给的参考答案核对,修改后保存。

【实验内容】

计算机基础知识习题试题

单选题

1. 断电后使得( )中所存储的数据丢失。
   A. ROM 　　　　 B. 磁盘 　　　　 C. 光盘 　　　　 D. RAM
2. CPU 不能直接访问的存储器是( )。
   A. ROM 　　　　 B. 内存储器 　　 C. RAM 　　　　 D. 外存储器
3. 微型计算机系统包括( )。
   A. 主机和外设 　　　　　　　　 B. 硬件系统和软件系统
   C. 主机和各种应用程序 　　　　 D. 运算器、控制器和存储器
4. 在选购微型机时,应以( )比较好为对象。
   A. 显示器 　　　 B. 配置 　　　　 C. 磁盘驱动 　　 D. 软件兼容
5. 计算机硬件能直接识别和执行的只有( )。
   A. 汇编语言 　　 B. 符号语言 　　 C. 高级语言 　　 D. 机器语言
6. 计算机病毒是( )。
   A. 计算机系统自生的 　　　　　 B. 可传染疾病给人体的病毒
   C. 一种人为特制的计算机程序 　 D. 主机发生故障时产生的
7. 计算机的硬件主要包括:中央处理器(CPU)、存储器、输出设备和( )。
   A. 键盘 　　　　 B. 鼠标器 　　　 C. 输入设备 　　 D. 显示器
8. 在计算机中表示存储容量时,下列描述中正确的是( )。
   A. 1KB=1024MB 　　　　　　　　 B. 1MB=1024B
   C. 1MB=1024KB 　　　　　　　　 D. 1KB=1000B

9. 在计算机工作过程中,将外存的信息传送到内存中的过程称为( )。

    A. 写盘   B. 复制   C. 读盘   D. 输出

10. 在计算机中,应用最普遍的字符编码是( )。

    A. 机器码   B. 汉字编码   C. ASCII   D. BCD 码

11. 下面说法中正确的是( )。

    A. 一个完整的计算机系统是由微处理器、存储器和输入/输出设备组成

    B. 计算机区别于其他计算工具的最主要特点是能存储程序和数据

    C. 电源关闭后,ROM 中的信息会丢失

    D. 16 位字长计算机能处理的最大数是 16 位十进制数

12. "32 位微型计算机"中的 32 指的是( )。

    A. 微机型号   B. 存储单位   C. 机器字长   D. 内存容量

13. 个人计算机属于( )。

    A. 小型计算机   B. 中型计算机   C. 小巨型计算机   D. 微型计算机

14. 下面关于显示器的叙述,正确的是 ( )。

    A. 显示器是输入设备   B. 显示器是输出设备

    C. 显示器是输入/输出设备   D. 显示器是存储设备

15. 应用软件是指( )。

    A. 所有能够使用的软件

    B. 所有微机上都应使用的基本软件

    C. 专门为某一应用目的而编制的软件

    D. 能被各应用单位共同使用的某种软件

16. 目前使用的防病毒软件作用是( )。

    A. 查出并清除任何病毒

    B. 查出已知名的病毒、清除部分病毒

    C. 查出任何已感染的病毒

    D. 清除任何已感染的病毒

17. 计算机中存储单元中存储的内容( )。

    A. 可以是数据和指令   B. 只能是程序

    C. 只能是数据   D. 只能是指令

18. 用来表示计算机辅助教学的英文缩写是( )。

    A. CAD   B. CAM   C. CAI   D. CAT

19. 构成计算机物理实体的部件被称为( )。

    A. 计算机系统   B. 计算机硬件   C. 计算机软件   D. 计算机程序

20. 微型计算机的微处理器包括( )。

    A. 运算器和主存   B. 控制器和主存

    C. 运算器和控制器   D. 运算器、控制器和主存

21. 下面列出的 4 项中,不属于计算机病毒特点的是( )。

    A. 免疫性   B. 潜伏性   C. 激发性   D. 传播性

22.下列不能作为存储器容量单位的是( )。
  A. Byte   B. KB   C. MIPS   D. GB

23.4 个字节是( )个二进制位。
  A. 16   B. 32   C. 48   D. 64

24.存储器容量的度量中,1MB 等于( )。
  A. 1024×1024bit   B. 1000×1000bytes
  C. 1024×1000Words   D. 1024×1024bytes

25.硬磁盘与软磁盘相比,具有( )特点。
  A. 存储容量小,工作速度快   B. 存储容量大,工作速度快
  C. 存储容量小,工作速度慢   D. 存储容量大,工作速度慢

26.下列软件中,( )是系统软件。
  A. 用 C 语言编写的求解一元二次方程的程序
  B. 工资管理软件
  C. 用汇编语言编写的一个练习程序
  D. Windows 操作系统

27.下列说法中,正确的是( )。
  A. 软盘的数据存储量远比硬盘少
  B. 软盘可以是好几张磁盘合成的一个磁盘组
  C. 软盘的体积比硬盘大
  D. 读取硬盘上数据所需的时间比软盘多

28.在计算机中,字节的英文名字是( )。
  A. bit   B. byte   C. bou   D. baud

29.在下面的描述中,正确的是( )。
  A. 外存中的信息可直接被 CPU 处理
  B. 键盘是输入设备,显示器是输出设备
  C. 操作系统是一种很重要的应用软件
  D. 计算机中使用的汉字编码和 ASCII 码是一样的

30.微处理器又称为( )。
  A. 运算器   B. 控制器   C. 逻辑器   D. 中央处理器

31.下列描述中,不正确的是( )。
  A. 用机器语言编写的程序可以由计算机直接执行
  B. 软件是指程序和数据的统称
  C. 计算机的运算速度与主频有关
  D. 操作系统是一种应用软件

32.在一般情况下,软盘中存储的信息在断电后( )。
  A. 不会丢失 B. 全部丢失 C. 大部分丢失 D. 局部丢失

33.在微机中,访问速度最快的存储器是( )。
  A. 硬盘   B. 软盘   C. 光盘   D. 内存

34. ROM 是（　　　）。

  A. 随机存储器　　　　　　　　　　B. 只读存储器

  C. 高速缓冲存储器　　　　　　　　D. 顺序存储器

35. 在微机中,硬盘驱动器属于（　　　）。

  A. 内存储器　　　B. 外存储器　　　C. 输入设备　　　D. 输出设备

36. 微机中,运算器的另一名称是（　　　）。

  A. 算术运算单元　　　　　　　　　B. 逻辑运算单元

  C. 加法器　　　　　　　　　　　　D. 算术逻辑单元

37. 微型计算机必不可少的输入/输出设备是（　　　）。

  A. 键盘和显示器　　　　　　　　　B. 键盘和鼠标器

  C. 显示器和打印机　　　　　　　　D. 鼠标器和打印机

38. 下列设备中,（　　　）是输出设备。

  A. 键盘　　　　　B. 鼠标　　　　　C. 光笔　　　　　D. 绘图仪

39. 能直接与 CPU 交换信息的功能单元是（　　　）。

  A. 显示器　　　B. 控制器　　　C. 主存储器　　　D. 运算器

40. （　　　）不是微型计算机必须的工作环境。

  A. 恒温　　　　　　　　　　　　　B. 良好的接地线路

  C. 远离强磁场　　　　　　　　　　D. 稳定的电源电压

41. 将微机的主机与外设相连的是（　　　）。

  A. 总线　　　　　　　　　　　　　B. 磁盘驱动器

  C. 内存　　　　　　　　　　　　　D. 输入/输出接口电路

42. 下列叙述中,正确的是（　　　）。

  A. 所有微机上都可以使用的软件称为应用软件

  B. 操作系统是用户与计算机之间的接口

  C. 一个完整的计算机系统是由主机和输入输出设备组成的

  D. 磁盘驱动器是存储器

43. 在计算机内部,数据是以（　　　）形式加工、处理和传送的。

  A. 二进制码　　　B. 八进制码　　　C. 十进制码　　　D. 十六进制码

44. 计算机病毒是可以造成机器故障的一种（　　　）。

  A. 计算机设备　　B. 计算机程序　　C. 计算机部件　　D. 计算机芯片

45. 内存和外存相比,其主要特点是（　　　）。

  A. 能存储大量信息　　　　　　　　B. 能长期保存信息

  C. 存取速度快　　　　　　　　　　D. 能同时存储程序和数据

46. 把内存中的数据传送到计算机的硬盘,称为（　　　）。

  A. 显示　　　　　B. 写盘　　　　　C. 读盘　　　　　D. 输入

47. 下列说法中,只有（　　　）是正确的。

  A. ROM 是只读存储器,其中的内容只能读一次,下次再读就读不出来了

  B. 硬盘通常安装在主机箱内,所以硬盘属于内存

C. CPU 不能直接与外存打交道

D. 任何存储器都有记忆能力,即其中的信息不会丢失

48. 关于磁盘格式化的叙述,正确的是( )。

    A. 只能对新盘做格式化,不能对旧盘做格式化

    B. 新盘必须做格式化后才能使用,对旧盘做格式化将抹去盘上原有的内容

    C. 做了格式化后的磁盘,就能在任何计算机系统上使用

    D. 新盘不做格式化照样可以使用,但做格式化可使磁盘容量增大

49. 被称作"裸机"的计算机是指( )。

    A. 没有装外部设备的微机

    B. 没有装任何软件的微机

    C. 大型机器的终端机

    D. 没有硬盘的微机

50. 下面列出的 4 种存储器中,易失性存储器是( )。

    A. RAM   B. ROM   C. PROM   D. EPROM

51. 在计算机领域中用 MIPS 来描述( )。

    A. 计算机的可靠性   B. 计算机的可扩充性

    C. 计算机的可运行性   D. 计算机的运算速度

52. 可将各种数据转换为计算机能处理的形式并输送到计算机中的设备统称为( )。

    A. 输入设备   B. 输出设备

    C. 输入/输出设备   D. 存储设备

53. 下列设备中,既能向主机输入数据又能接收由主机输出数据的设备是( )。

    A. 显示器   B. 软磁盘存储器

    C. 扫描仪   D. CD-ROM

54. 显示器分辨率一般表示为( )。

    A. 能显示的信息量   B. 能显示多少个字符

    C. 能显示的颜色数   D. 横向点乘以纵向点

55. 微机系统主要通过( )与外部交换信息。

    A. 键盘   B. 鼠标   C. 显示器   D. 输入输出设备

56. 以下外设中,既可作为输入设备又可作为输出设备的是( )。

    A. 键盘   B. 显示器   C. 打印机   D. 磁盘驱动器

57. CAI 是计算机的应用领域之一,其含义是( )。

    A. 计算机辅助设计   B. 计算机辅助制造

    C. 计算机辅助测试   D. 计算机辅助教学

58. 下列叙述中,正确的是( )。

    A. 操作系统是主机与外设之间的接口

    B. 操作系统是软件与硬件的接口

    C. 操作系统是源程序和目标程序的接口

    D. 操作系统是用户与计算机之间的接口

59.预防软盘感染病毒的有效方法是(　　　)。

    A.定期对软盘进行格式化

    B.对软盘上的文件要经常重新拷贝

    C.给软盘加写保护

    D.不把有病毒的与无病毒的软盘放在一起

60.下列关于系统软件的4条叙述中,正确的一条是(　　　)。

    A.系统软件与具体应用领域无关

    B.系统软件与具体硬件逻辑功能无关

    C.系统软件是在应用软件基础上开发的

    D.系统软件并不具体提供人机界面

61.计算机软件系统可分为(　　　)。

    A.操作系统和语言处理程序   B.程序和数据

    C.系统软件和应用软件   D.程序、数据和文档

62.下列术语中,属于显示器性能指标的是(　　　)。

    A.速度   B.可靠性   C.分辨率   D.精度

63.下列4种设备中,属于计算机输入设备的是(　　　)。

    A.显示器   B.打印机   C.绘图仪   D.鼠标器

64.计算机中对数据进行加工与处理的部件,通常称为(　　　)。

    A.运算器   B.控制器   C.显示器   D.存储器

65.微型计算机中内存储器比外存储器(　　　)。

    A.读写速度快   B.存储容量大

    C.运算速度慢   D.以上3项都对

66.下列字符中 ASCII 码值最小的是(　　　)。

    A. A   B. a   C. k   D. M

67.2个字节表示(　　　)二进制位。

    A.2个   B.4个   C.8个   D.16个

68.世界上第二代电子计算机采用的电子逻辑器件是(　　　)。

    A.晶体管   B.电子管

    C.中小规模集成电路   D.大规模超大规模集成电路

69.世界上第一台电子计算机是(　　　)的科学家和工程师设计并制造的。

    A.1945 年由英国   B.1964 年由美国

    C.1946 年由英国   D.1946 年由美国

70.从计算机发展历程看,计算机目前已经发展到了(　　　)阶段。

    A.晶体管计算机   B.集成电路计算机

    C.大规模集成电路计算机   D.人工智能计算机

71.计算机最主要的工作特点是(　　　)。

    A.高速度   B.高精度

    C.存记忆能力   D.存储程序和程序控制

72. 下列4条叙述中,有错误的一条是(　　　)。

　　A. 两个或两个以上的系统交换信息的能力称为兼容性

　　B. 当软件所处环境(硬件/支持软件)发生变化时,这个软件还能发挥原有的功能,则称该软件为兼容软件

　　C. 不需调整或仅需少量调整即可用于多种系统的硬件部件,称为兼容硬件

　　D. 著名计算机厂家生产的计算机称为兼容机

73. 下列4条叙述中,有错误的一条是(　　　)。

　　A. 以科学技术领域中的问题为主的数值计算称为科学计算

　　B. 计算机应用可分为数值应用和非数值应用两类

　　C. 计算机各部件之间有两股信息流,即数据流和控制流

　　D. 对信息(即各种形式的数据)进行收集、储存、加工与传输等一系列活动的总称为实时控制

74. 某单位自行开发的工资管理系统,按计算机应用的类型划分,它属于(　　　)。

　　A. 科学计算　　　　　B. 辅助设计　　　　　C. 数据处理　　　　　D. 实时控制

75. 微型计算机中使用的人事档案管理系统,属下列计算机应用中的(　　　)。

　　A. 人工智能　　　　　B. 专家系统　　　　　C. 信息管理　　　　　D. 科学计算

76. 英文缩写CAD的中文意思是(　　　)。

　　A. 计算机辅助教学　　　　　　　　　B. 计算机辅助制造

　　C. 计算机辅助设计　　　　　　　　　D. 计算机辅助测试

77. 下列不属于计算机病毒造成的系统异常症状的是(　　　)。

　　A. 计算机系统的蜂鸣器出现异常声响

　　B. 计算机系统经常无故发生死机现象

　　C. 系统不识别硬盘

　　D. 扬声器没有声音

78. 微处理器处理的数据基本单位为字。一个字的长度通常是(　　　)。

　　A. 16个二进制位　　　　　　　　　B. 32个二进制位

　　C. 64个二进制位　　　　　　　　　D. 与微处理器芯片的型号有关

79. 存储器中存放的信息可以是数据,也可以是指令,这要根据(　　　)。

　　A. 最高位是0还是1来判别　　　　　B. 存储单元的地址来判别

　　C. CPU执行程序的过程来判别　　　　D. ASCII码表来判别

80. 国内流行的汉字系统中,一个汉字的机内码一般需占(　　　)。

　　A. 2个字节　　　　　B. 4个字节　　　　　C. 8个字节　　　　　D. 16个字节

81. 下列叙述中,正确的一条是(　　　)。

　　A. 键盘上的F1～F12功能键,在不同的软件下其作用是一样的

　　B. 计算机内部,数据采用二进制表示,而程序则用字符表示

　　C. 计算机汉字字模的作用是供屏幕显示和打印输出

　　D. 微型计算机主机箱内的所有部件均由大规模、超大规模集成电路构成

82. 下列 4 条叙述中,正确的一条是(　　)。

　　A. 计算机能直接识别并执行高级语言源程序

　　B. 计算机能直接识别并执行机器指令

　　C. 计算机能直接识别并执行数据库语言源程序

　　D. 汇编语言源程序可以被计算机直接识别和执行

83. 一个完整的计算机系统应包括(　　)。

　　A. 系统硬件和系统软件　　　　　　　B. 硬件系统和软件系统

　　C. 主机和外部设备　　　　　　　　　D. 主机、键盘、显示器和辅助存储器

84. 下列 4 条描述中,正确的一条是(　　)。

　　A. 鼠标器是一种既可作输入又可作输出的设备

　　B. 激光打印机是非击打式打印机

　　C. Windows XP 是一种应用软件

　　D. PowerPoint 是一种系统软件

85. 系统软件中的核心部分是(　　)。

　　A. 数据库管理系统　　　　　　　　　B. 语言处理程序

　　C. 各种工具软件　　　　　　　　　　D. 操作系统

86. 下列存储器中,存取速度最快的是(　　)。

　　A. 软磁盘存储器　　　　　　　　　　B. 硬磁盘存储器

　　C. 光盘存储器　　　　　　　　　　　D. 内存储器

87. 下列 4 条叙述中,正确的一条是(　　)。

　　A. 使用打印机要有其驱动程序

　　B. 激光打印机可以进行复写打印

　　C. 显示器可以直接与主机相连

　　D. 用杀毒软件可以清除一切病毒

88. 下列因素中,对微型计算机工作影响最小的是(　　)。

　　A. 温度　　　　　　B. 湿度　　　　　　C. 磁场　　　　　　D. 噪声

89. 下列 4 条叙述中,属 RAM 特点的是(　　)。

　　A. 可随机读写数据,且断电后数据不会丢失

　　B. 可随机读写数据,断电后数据将全部丢失

　　C. 只能顺序读写数据,断电后数据将部分丢失

　　D. 只能顺序读写数据,且断电后数据将全部丢失

90. 微型计算机使用的键盘中,Shift 键是(　　)。

　　A. 换档键　　　　B. 退格键　　　　C. 空格键　　　　D. 回车换行键

实验 4 文件夹的操作和对文档的简单排版

【实验目的】

1. 学会新建文件夹和对文件夹进行命名和重命名；
2. 练习在编辑软件环境中正确快速输入汉字并进行简单排版。

【实验环境】

Windows XP 中文版。

【实验示例】

1. 文件夹的基本操作

(1)在 D:\建立名为 student 的文件夹。

操作方法：打开"我的电脑"并双击打开"D:\"，在"D:\"工作区的空白处右击，弹出快捷菜单，选择"新建"→"文件夹"，如图 4.1 所示，在"新建文件夹"的图标上右击，在快捷菜单上选择"重命名"，在反白处输入"student"即可。

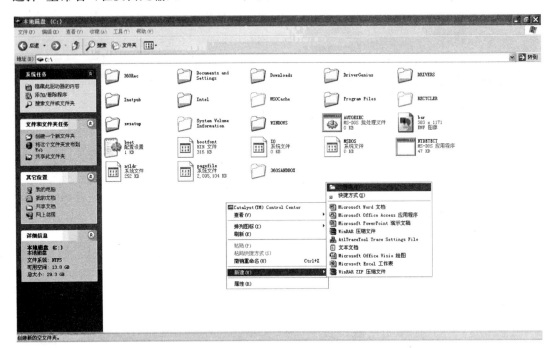

图 4.1 "新建→文件夹"菜单

(2)改变文件夹的属性，使 student 文件夹的属性改为"隐藏"。

操作方法：student 文件夹图标上右击，在快捷菜单上选择"属性"，弹出"属性"对话框，勾选"隐藏"复选框，如图 4.2 所示，最后单击"应用"按钮和"确定"按钮。

16

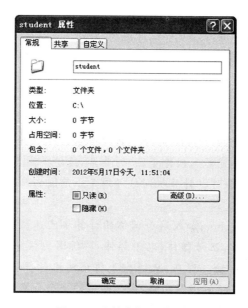

图 4.2 文件夹"属性"窗口

2. 在编辑软件中输入快速汉字并进行简单排版

(1)利用 Windows XP 中的写字板练习输入汉字。

操作方法:Windows XP 启动成功后,单击"开始"→"程序"→"附件"→"写字板",弹出"写字板"窗口,选择汉字输入方法后就可以在窗口中输入汉字,如图 4.3 所示。

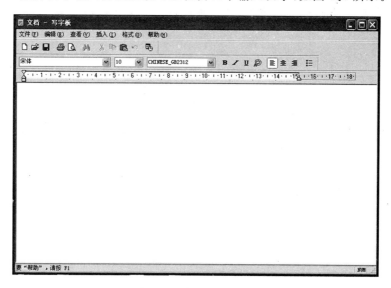

图 4.3 "写字板"窗口

(2)输入完毕后,利用"写字板"窗口的菜单栏和工具栏进行简单排版。

【实验内容】

1.(1)在 D:\中建立名为 Test 的文件夹,在 Test 文件夹下再建一个 Test1 的文件夹。使得 Test 文件夹设置为共享文件夹,Test1 文件夹的属性为隐藏。

(2)建立一个 my.txt 文件,文件内容是"我在机房练习计算机基础操作"。把该文件保存到 Test1 文件夹中,并把 my.txt 文件属性设为"只读"。

2. 打开 Windows 写字板,输入下面文字,并将标题居中,字体设置"宋体"、字号设置为"36"并加粗。每个段落首行缩进 2 个汉字。设置完毕后,将文档保存到 Test 文件夹下。

计算机网络

计算机网络是计算机技术和通信技术结合的产物。用通信线路及通信设备把各别的计算机连接在一起形成一个复杂的系统就是计算机网络。这种方式扩大了计算机系统的规模,实现了计算机资源(硬件资源和软件资源)的共享,提供提高了计算机系统的协同工作能力,为电子数据交换提供了条件。计算机网络可以是小范围的局域网络,也可以是跨地区的广域网络。

现今最大的网络是 Internet;加入这个网络的计算机已达数亿台;通过 Internet 我们可以利用网上丰富的信息资源,互传邮件(电子邮件)。所谓的信息高速公路就是以计算机网络为基础设施的信息传播活动。现在,又提出了所谓网络计算机的概念,即任何一台计算机,可以独立使用它,也可以随时进入网络,成为网络的一个节点使用它。

3.改变当前桌面的背景和设置屏幕保护程序。

实验 5　窗口和任务栏的操作

【实验目的】

　　1.学会改变窗口显示方式；

　　2.熟悉任务栏的基本操作。

【实验环境】

　　Windows XP 中文版。

【实验示例】

　　1.改变窗口显示方式

　　(1)打开"我的电脑"和"我的文档"，在任务栏的空白处右击，弹出快捷菜单，选择"横向平铺窗口"，结果如图 5.1 所示。

图 5.1　横向平铺窗口

　　(2)取消平铺。在任务栏的空白处右击，弹出快捷菜单，选择"取消平铺"即可。

　　2.任务栏基本操作

　　(1)设置计算机系统时间为 9:00。在任务栏的系统托盘里找到当前正在显示的时间，如图 5.2 所示，双击时间，弹出"日期和时间 属性"对话框，如图 5.3 所示，设置时间为 9:00，单击"确定"按钮即可。

图 5.2　调整日期和时间

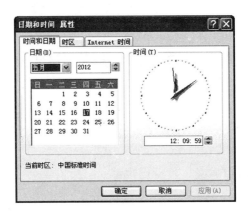

图 5.3 "日期和时间属性"对话框

(2)改变任务栏的大小。把鼠标指针移动到任务栏的上边缘处,当鼠标指针变成双向箭头时,按住鼠标左键,拖动鼠标(注意:锁定任务栏后不能改变任务栏大小和移动位置)。

3.在文件夹下查找文件

(1)在 student 文件夹下查找所有小于 80 KB 的 Word 文件。打开"C 盘"→"student 文件夹",单击菜单栏上"搜索"按钮,在屏幕左边弹出"搜索"对话框,在对话框中单击"搜索选项",选择"指定大小"单选按钮,在"大小"下选择"至少",并输入"80",如图 5.4 所示。

(2)在"搜索"对话框中,"全部或部分文件名"下输入" * . doc",表示的是要搜索扩展名为 doc 的文件,也就是 Word 文档。单击"搜索"按钮即可。

图 5.4 "搜索"对话框

【实验内容】

1.第 1 套题

(1)打开桌面上"我的文档"和"我的电脑"窗口,使得窗口的显示方式为"纵向平铺窗口"。

(2)在计算机中寻找两类文件,一类是所有小于 100 KB 的 WAV 文件,另一类是 JPG 文件,把 WAV 文件都复制到 student 文件夹中,把 JPG 文件都剪切到 student 文件夹中,并将 student 文件夹和 student1 文件夹都设置为共享文件夹。

(3)取消状态栏的时间显示。在控制面版的区域和语言选项中添加"中文(简体)—双拼"输入法。

(4)隐藏任务栏并在桌面上建立"计算器"应用程序的快捷方式。

2.第 2 套题

(1)在 C:\盘根目录下建立以学生学号为文件名的文件夹。

(2)在 C:\盘下查找所有小于 1 MB 的 Word 文件,将找到的所有文件复制到上述文件夹中。

(3)将该文件夹中第一个 doc 文件重新命名为"通讯录.doc"。

(4)将该文件夹设置为"只读"属性。

(5)该文件夹在资源管理器的显示方式调整为"详细资料"并按"日期"排列。

3. 第3套题

(1)在 C:\盘根目录下创建一个 book 和 votuna 文件夹。

(2)在 votuna 文件夹中新建 boyable.doc 文件并复制到同一文件夹下,并重命名为 sy-ad.doc。

(3)在 book 文件夹中建立文件 product.txt 并对该文件设置为"隐藏"和"只读"属性。

(4)在 book 文件夹中新建 piacy.txt 文件并移动到 votuna 文件夹中。

(5)查找 C:\盘中的 calc.exe 文件,然后为它建立名为"我的计算器"的快捷方式,并存放在 book 文件夹下。

实验 6 Windows XP 基础知识练习

【实验目的】

掌握本章的基础知识,学会在计算机上做习题方法,为今后各种考核做准备。

【实验环境】

1. Windows XP 中文版;
2. Word 2003 中文版。

【实验方法】

把老师给的 Windows XP 基础知识试题的 Word 文档复制到自己工作计算机上,打开该文档,仔细阅读每道题目,把每题的正确答案填写到该题目中的括号中。做完后保存好自己的文档(用 U 盘保存),堂课最后 10 分钟再与老师给的参考答案核对,修改后保存。

【实验内容】

Windows XP 基础知识习题试题

单选题

1. 视窗操作系统简称(　　　)。

  A. DOS   B. UCDOS   C. Windows   D. WPS

2. 操作系统是一种(　　　)。

  A. 便于计算机操作的硬件   B. 便于计算机操作的规范

  C. 管理计算机系统资源的软件   D. 计算机系统

3. 一个文件的扩展名通常表示(　　　)。

  A. 文件的类型   B. 文件的版本   C. 文件的大小   D. 文件的属性

4. 在 Windows XP"资源管理器"的窗口中,要想显示隐含文件,可以利用(　　　)菜单来进行设置。

  A. 编辑   B. 视图   C. 查看   D. 工具

5. 在 Windows XP 环境中,当不小心对文件或文件夹的操作发生错误时,可以利用"编辑"菜单中的(　　　)命令,取消原来的操作。

  A. 复制   B. 粘贴   C. 撤销   D. 剪切

6. 在下列描述中,不能打开 Windows XP"资源管理器"的操作是(　　　)。

  A. 在"开始"菜单的"程序"选项菜单中选择它

  B. 右击"开始"菜单,在弹出的快捷菜单中选择它

  C. 把鼠标放在"我的电脑"图标上,右击后选择它

  D. 在"开始"菜单的"文档"选项菜单中选择任意一个文档后右击

7. 在 Windows XP 环境中,对文档实行修改后,既要保存修改后的内容,又不能改变原文档

的内容,此时可以使用"文件"菜单中的(   )命令。

    A. 属性   B. 打开   C. 保存   D. 另存为

8. 在 Windows XP 的"资源管理器"或"我的电脑"窗口中对文件、文件夹进行复制操作,当选择了操作对象之后,应当在常用工具栏中选择(   )按钮;然后选择复制目的磁盘或文件夹,再选择常用工具栏中的粘贴按钮。

    A. 复制   B. 打开   C. 粘贴   D. 剪切

9. 在 Windows XP 中,在通常情况下,单击对话框中的"确定"按钮与按(   )键的作用是一样的。

    A. F1   B. Ese   C. Enter   D. F2

10. 为了获取 Windows XP 的帮助信息,可以在需要帮助的时候按(   )键。

    A. F3   B. F2   C. F4   D. F1

11. 在 Windows XP 中单击(   )按钮或图标,几乎包括了 Windows XP 中的所有功能。

    A. "我的文档"   B. "资源管理器"   C. "我的公文包"   D. "开始"

12. 在操作 Windows XP 中的许多子菜单中,常常会出现灰色的菜单项,这是(   )。

    A. 错误单击了其主菜单

    B. 双击灰色的菜单项才能执行

    C. 选择它按右键就可对菜单操作

    D. 在当前状态下,无此功能

13. 在 Windows XP 中,鼠标左键和右键的功能(   )。

    A. 固定不变

    B. 通过对"控制面板"操作来改变

    C. 通过对"资源管理器"操作来改变

    D. 通过对"附件"操作来改变

14. Windows XP 中的文件名最长可达(   )个字符。

    A. 255   B. 254   C. 256   D. 8

15. Windows XP 中的"写字板"程序只能编辑(   )。

    A. TXT 文件   B. TXT 和 DOC 文件

    C. 任一种格式文件   D. 多种格式文件

16. Windows 中改变日期时间的操作能(   )。

    A. 只能在"控制面板"中双击"日期/时间"

    B. 不止一种方法可改变它

    C. 只能双击"任务栏"右侧的数字时钟

    D. 在系统设置中设置

17. 在 Windows XP 中"画图"程序所建立的文件扩展名均是(   )。

    A. gif   B. doc   C. jpg   D. bmp

18. Windows XP 中屏幕保护程序可自行设置,并可(   )。

    A. 设置等待时间,但不能设置密码

    B. 设置密码和设置等待时间

C.设置密码,但不能设置等待时间

D. A、B 都不能

19.Windows XP 桌布上的"背景"、"屏幕保护程序"、"外观"三者是(　　)。

A."背景"和"外观"是同一含义

B.屏幕保护程序"、"外观"具有同一含义

C. 三者均是同一含义

D.三者均有不同的含义

20.在 Windows XP 中进行文本输入时,系统默认中英文切换方式可用(　　)。

A. 均不对　　　　　　　　　　　　B. Ctrl＋Shift 组合键

C.Shift＋空格键　　　　　　　　　D. Ctrl＋空格键

21.在 Windows 中进行文本输入时,全角/半角切换可用(　　)。

A.Ctrl＋空格键　　　　　　　　　B. Shift＋空格键

C.Ctrl＋Shift 组合键　　　　　　　D. 均不对

22.在 Windows XP 中,允许用户在计算机系统中配置的打印机为(　　)。

A.一台针式打印机

B. 只能是一台任意型号的打印机

C.只能是一台激光打印机或一台喷墨打印机

D. 多台打印机

23.为了正常退出 Windows XP,用户的正确操作是(　　)。

A.选择系统菜单中的"关闭系统"并进行人机对话

B.在没有任何程序正在执行的情况下关掉计算机的电源

C.关掉供给计算机的电源

D.按 Alt＋Ctrl＋Del 组合键

24.在 Windows XP 环境中,显示器的整个屏幕称为 (　　)。

A.桌面　　　　　B. 图标　　　　　C.窗口　　　　　D.资源管理器

25.鼠标是 Windows XP 环境下的一种重要的(　　)工具。

A.输入　　　　　B. 画图　　　　　C.指示　　　　　D.输出

26.在 Windows XP 环境中,鼠标主要的 3 种操作方式是:单击、双击和(　　)。

A.与键盘击键配合使用　　　　　　B. 连续交替按下左右键

C.拖动　　　　　　　　　　　　　D. 连击

27.在 Windows XP 环境中的通常情况下,鼠标在屏幕上产生的标记符号变为一个"沙漏"状时,表明(　　)。

A. Windows XP 正在执行某一处理任务,请用户稍等

B.提示用户注意某个事项,并不影响计算机继续工作

C. Windows XP 执行的程序出错,中止其执行

D.等待用户键入 Y 或 N,以便继续工作

24

28. 在 Windows XP 环境中,鼠标是重要的输入工具,而键盘(   )。

　　A. 仅能在菜单操作中运用,不能在窗口中操作

　　B. 无法起作用

　　C. 也能完成几乎所有操作

　　D. 配合鼠标起辅助作用(如输入字符)

29. 在 Windows XP 环境中,每个窗口最上面有一个"标题栏",把鼠标光标指向该处,然后"拖放",则可以(   )。

　　A. 变动该窗口上边缘,从而改变窗口大小　　　B. 缩小该窗口

　　C. 移动该窗口　　　　　　　　　　　　　　D. 放大该窗口

30. 在 Windows XP 环境中,用鼠标双击一个窗口左上角的"控制菜单"按钮,可以(   )。

　　A. 关闭该窗口　　　　　　　　　　　　B. 移动该窗口

　　C. 缩小该窗口　　　　　　　　　　　　D. 放大窗口

31. 在 Windows XP 环境中,每个窗口的"标题栏"的右边都有一个标有短横线的方块,用鼠标单击它可以(   )。

　　A. 关闭该窗口　　　　　　　　　　　　B. 打开该窗口

　　C. 把该窗口最小化　　　　　　　　　　D. 把该窗口放大

32. 菜单是 Windows XP 下的一种重要操作手段,要想执行下拉菜单中的某个操作,应(   )。

　　A. 通过键盘输入菜单中的该操作命令项的文字(如"打开"、"复制")

　　B. 用鼠标单击下拉菜单中的该操作命令项

　　C. 选择菜单中的该操作命令项,然后按键盘上任意一键

　　D. 在窗口内任意一个空白位置单击鼠标键

33. 在 Windows XP 环境下的下拉菜单里,有一类操作命令项,若被选中执行时会弹出子菜单,这类命令项的显示特点是(   )。

　　A. 命令项本身以浅恢色显示

　　B. 命令项的右面有省略号(...)

　　C. 命令项位于一条横线以上

　　D. 命令项的右面有一实心三角

34. 在 Windows XP 的"桌面"上,用鼠标单击左下角的"开始"按钮,将(   )。

　　A. 打开资源管理器

　　B. 执行一个程序,程序名称在弹出的对话框中指定

　　C. 打开一个窗口

　　D. 弹出 Windows XP 的开始菜单

35. 在 Windows XP 环境中,用键盘打开系统菜单,需要(   )。

　　A. 同时按下 Ctrl 键和 Esc 键

　　B. 同时按下 Ctrl 键和 Z 键

　　C. 同时按下 Ctrl 键和空格键

　　D. 同时按下 Ctrl 键和 Shift 键

36. 在 Windows XP 中，安装一个应用程序，通常要求采用的方法是(　　　)。

    A. 用鼠标单击"系统菜单"中的"文档"项

    B. 把应用程序从软盘或 CD-ROM 光盘上直接复制到硬盘上

    C. 在"控制面板"窗口内用鼠标双击"添加/删除程序"图标

    D. 在"控制面板"窗口内用鼠标单击"添加/删除程序"图标

37. 在 Windows XP 环境中，当启动(运行)一个程序时就打开一个该程序自己的窗口，把运行程序的窗口最小化，就是(　　　)。

    A. 结束该程序的运行

    B. 暂时中断该程序的运行，但随时可以由用户加以恢复

    C. 该程序的运行转入后台继续工作

    D. 中断该程序的运行，而且用户不能加以恢复

38. 在 Windows XP 环境中，任何一个最小化后放在"任务栏"中的图标按钮都代表着(　　　)。

    A. 一个可执行程序　　　　　　　　B. 一个正在后台执行的程序

    C. 一个在前台工作的程序　　　　　D. 一个不工作的程序窗口

39. 在 Windows XP 环境中，屏幕上可以同时打开若干个窗口，它们的排列方式是(　　　)。

    A. 只能平铺　　　　　　　　　　　B. 只能由系统决定，用户无法改变

    C. 只能层叠　　　　　　　　　　　D. 既可以平铺也可以层叠，由用户选择

40. 在 Windows XP 环境中，屏幕上可以同时打开若干个窗口，但是其中只能有一个是当前活动窗口。指定当前活动窗口最简单的方法是(　　　)。

    A. 用鼠标在该窗口内任意位置上单击

    B. 把其他窗口都关闭，只留下一个窗口，即成为当前活动窗口

    C. 用鼠标在该窗口内任意位置上双击

    D. 把其他窗口都最小化，只留下一个窗口，即成为当前活动窗口

41. 在 Windows XP 环境中，(　　　)。

    A. 不能再进 DOS 方式工作

    B. 能再进入 DOS 方式工作，并能再返回 Windows 方式

    C. 能再进入 DOS 方式工作，但不能再返回 Windows 方式

    D. 能再进入 DOS 方式工作，但必须先退出 Windows 才行

42. 在 Windows XP 环境下的一般情况下，不能执行一个应用程序的操作是(　　　)。

    A. 用鼠标单击"任务栏"中的图标按钮

    B. 用鼠标单击"系统菜单"中的"程序"项，然后在其子菜单中单击指定的应用程序

    C. 用鼠标单击"系统菜单"中的"运行"项，在弹出的对话框中指定相应的可运行程序文件全名(包括路径)，然后单击"确定"按钮

    D. 打开"资源管理器"窗口，在其中找到相应的可执行程序文件，双击文件名左边的小图标

43. 在下列文件名中，有一个在 Windows XP 中为非法的文件名，它是(　　　)。

    A. my file1　　　　B. class1.data　　　　C. BasicProgram　　　　D. card"01"

44. 在 Windows XP 中,一个文件路径名为 C:\93.TXT,其中 93.TXT 是一个(　　　)。

　　A. 文本文件　　　　　　B. 文件夹　　　　　C. 文件　　　　　　D. 根文件夹

45. 关于 Windows XP 的文件组织结构,下列说法中错误的一个是(　　　)。

　　A. 每个子文件夹都有一个"父文件夹"

　　B. 磁盘上所有文件夹不能重名

　　C. 每个文件夹都可以包含若干"子文件夹"和文件

　　D. 每个文件夹都有一个名字

46. 在 Windows XP 环境中,对磁盘文件进行有效管理的一个工具是(　　　)。

　　A. 写字板　　　　　　B. 我的公文包　　　　C. 附件　　　　　　D. 资源管理器

47. 在 Windows XP 桌面上,通常情况下,不能启用"我的电脑"的操作是(　　　)。

　　A. 双击"我的电脑"图标

　　B. 用鼠标右键单击"我的电脑"图标,随后在其单弹出的菜单中选择"打开"

　　C. 单击"我的电脑"图标

　　D. 在"资源管理器"中双击"我的电脑"

48. 在 Windows XP 环境中,用鼠标双击"我的电脑"窗口中的"软盘 A:"图标,将会(　　　)。

　　A. 格式化该软盘　　　　　　　　　　B. 删除该软盘的所有文件

　　C. 显示该软盘的内容　　　　　　　　D. 把该软盘的内容复制到硬盘

49. 在 Windows XP 桌面上,不能启用"资源管理器"的操作是(　　　)。

　　A. 右击"开始"按钮,随后在其弹出的菜单中单击"资源管理器"项

　　B. 右击"我的电脑"图标,随后在其弹出的菜单中单击"资源管理器"项

　　C. 在"我的电脑"窗口中双击"资源管理器"

　　D. 单击"开始"按钮,在弹出的"系统菜单"的"程序"子菜单里单击"资源管理器"项

50. 在 Windows XP 的资源管理器窗口内,不能实现的操作为(　　　)。

　　A. 可以同时显示出几个磁盘中各自的树形文件夹结构示意图

　　B. 可以同时显示出某个磁盘中几个文件夹各自下属的子文件夹树形结构示意图

　　C. 可以同时显示出几个文件夹各自下属的所有文件情况

　　D. 可以显示出某个文件夹下属的所有文件简要列表或详细情况

51. 在 Windows XP 环境中,不能用来建立新文件夹的是(　　　)。

　　A. "我的电脑"　　　　　　　　　　　B. "开始"→"程序"

　　C. "开始"→"设置"　　　　　　　　　D. "资源管理器"

52. 在 Windows XP 的"资源管理器"或"我的电脑"窗口中,要选择多个不相邻的文件以便对之进行某些处理操作(如复制、移动),选择文件的方法是(　　　)。

　　A. 用鼠标逐个单击各文件

　　B. 按下 Ctrl 键并保持,再逐个单击各文件

　　C. 按下 Shift 键并保持,再逐个单击各文件

　　D. 单击第一个文件,再逐个右击其余各文件

53. 在 Windows XP 的"资源管理器"或"我的电脑"窗口中对文件、文件夹进行复制操作,当选择了操作对象之后,应当在"编辑"菜单标题的下拉菜单中选择"复制"命令项;然后选

择复制目的磁盘或文件夹,再选择"编辑"菜单中的( )命令项。

    A. 粘贴   B. 复制   C. 打开   D. 剪切

54. 在 Windows XP 的"资源管理器"窗口中,在同一硬盘的不同文件夹之间移动文件的操作为( )。

    A. 选择该文件后单击目的文件夹

    B. 选择该文件后,按下鼠标左键,并拖动该文件到目的文件夹

    C. 按下 Ctrl 键并保持,再用鼠标拖动该文件到目的文件夹

    D. 按下 Shift 键并保持,再用鼠标拖动该文件到目的文件夹

55. 在 Windows XP 环境中,选好文件或文件夹后,选择"文件"菜单中的命令项"发送",不能复制到( )。

    A. 软盘   B. C 盘根目录   C. 我的文档   D. 桌面快捷方式

56. 在 Windows XP 环境下,要在"我的电脑"或"资源管理器"窗口显示某一磁盘中隐藏文件,可以采用的方法是( )

    A. 选中某一磁盘,按右键,在其下拉菜单中操作

    B. 选中某一磁盘,双击后,再在其下拉菜单中操作

    C. 选中某一磁盘,单击后,再在其下拉菜单中操作

    D. 选中某一磁盘,选择菜单中的"查看"→"文件夹选项",在其下拉菜单中操作

57. 在 Windows XP 环境中,要改变"我的电脑"或"资源管理器"窗口中一个文件夹或文件的名称,可以采用的方法是,先选取该文件夹或文件,再用鼠标左键( )。

    A. 双击该文件夹或文件的图标

    B. 单击该文件夹或文件的名称

    C. 双击该文件夹或文件的名称

    D. 单击该文件夹或文件的图标

58. 在 Windows XP 环境中,下列 4 项中,不是文件属性的是( )。

    A. 文档   B. 系统   C. 隐藏   D. 只读

59. 在 Windows XP 环境中,选择了"我的电脑"或"资源管理器"窗口中若干文件夹或文件以后,下列操作中,不能删除这些文件夹或文件的是( )。

    A. 单击"文件"菜单中相应的命令项

    B. 按键盘上的"Delete"键

    C. 右击该文件夹或文件,弹出一个快捷菜单,再单击其中相应的命令项

    D. 双击该文件夹或文件

60. Windows XP 中的"回收站"是( )的一个区域。

    A. 高速缓存中   B. 内存中   C. 软盘上   D. 硬盘上

61. 在 Windows XP 中,利用"回收站"( )。

    A. 可以在任何时候恢复以前被删除的所有文件、文件夹

    B. 只能在一定时间范围内恢复被删除的硬盘上的文件、文件夹

    C. 只能恢复刚刚被删除的文件、文件夹

    D. 可以在任何时间范围内恢复被删除磁盘上的文件、文件夹

62. 在 Windows XP 环境中,如果只记得某个文件夹或文件的名称,忘记了它的位置,那么要打开它的最简便方法是(　　)。
   A. 使用系统菜单中的"文档"命令项
   B. 在"我的电脑"或"资源管理器"的窗口中去浏览
   C. 使用系统菜单中的"运行"命令项
   D. 使用系统菜单中的"搜索"命令项

63. 在 Windows XP 环境中,下列文件扩展名中,属于一种文档的是(　　)。
   A. SYS　　　　　　　B. COM　　　　　　　C. EXE　　　　　　　D. DOC

64. 打开 Windows XP 中的"任务栏-属性"对话框的正确方法是(　　)。
   A. 将鼠标移至"任务栏"无按键处,右击,出现快捷菜单,单击其中的"属性"
   B. 将鼠标移至"任务栏"无按键处,单击,出现快捷菜单,单击其中的"属性"
   C. 双击"任务栏"无按键处
   D. 单击"任务栏"无按键处

65. 在 Windows XP 环境中,打开一个文档是指(　　)。
   A. 列出该文档名称等有关信息(类似于 DOS 下的 DIR 命令)
   B. 在相应的应用程序窗口中显示、处理该文档
   C. 在屏幕上显示该文档的内容(类似于 DOS 下的 TYPE 命令)
   D. 在应用程序中创建该文档

66. 在 Windows XP 环境中,执行"系统"菜单里的"运行"命令,并在其对话框内指定了一个文档的路径和名称(而不是指定一个程序的名称),将(　　)。
   A. 显示出错信息　　　　　　　　B. 显示该文档的内容
   C. 运行相关的应用程序并打开该文档　　D. 显示该文档的位置(路径)

67. 在 Windows XP 环境中,用户打算把文档中已经选取的一段内容移动到其他位置上,应当先执行"编辑"菜单里的(　　)命令。
   A. 复制　　　　　　　B. 剪切　　　　　　　C. 粘贴　　　　　　　D. 清除

68. 在 Windows XP 环境中,下列叙述正确的一条是(　　)。
   A. 移动文档内容,用"剪切"后,再加"粘贴"
   B. 移动文档内容,用"复制"后,再加"粘贴"
   C. 移动文档内容,用"剪切"后,再加"复制"
   D. 移动文档内容,用"复制"后,再加"剪切"

69. 在 Windows XP 环境中,对安装的汉字输入法进行切换的键盘操作是(　　)。
   A. Ctrl＋空格键　　　B. Ctrl+Shift 组合键　C. Shift＋空格键　　D. Ctrl＋圆点

70. 在 Windows XP 环境中,鼠标在屏幕上产生的标记符号被移到一个窗口的边缘时会变为一个(　　),表明可以改变该窗口的大小。
   A. 指向左上方的箭头　　　　　　B. 双向的箭头
   C. 伸出手指的手　　　　　　　　D. 竖直的短线

71. Windows XP 的开始系统菜单内有一些项目,其中不包括(　　)命令。
   A. 设置　　　　　　　B. 运行　　　　　　　C. 查找　　　　　　　D. 打开

72. 在 Windows XP 环境中,单击"任务栏"中的一个按钮,将(　　　)。

    A. 使一个应用程序开始执行   B. 使一个应用程序结束运行

    C. 使一个应用程序处于"前台执行"状态   D. 删除一个应用程序的图标

73. 在 Windows XP 环境中,屏幕上可以同时打开若干个窗口,但是(　　　)。

    A. 它们都不能工作,只有其余都最小化以后,留下一个窗口才能工作

    B. 其中只能有一个在工作,其余都不能工作

    C. 其中只能有一个是当前活动窗口,它的标题栏颜色与众不同

    D. 它们都不能工作,只有其余都关闭,留下一个才能工作

74. 在 Windows XP 环境中,当启动(运行)一个程序时就打开一个自己的窗口,关闭运行程序的窗口,就是(　　　)。

    A. 结束该程序的运行

    B. 暂时中断该程序的运行,但随时可以由用户加以修复

    C. 该程序的运行仍然继续,不受影响

    D. 使该程序的运行转入后台工作

75. 在 Windows XP 环境中,当应用程序窗口中处理一个被打开的文档后,执行"文件"菜单里的"另存为"命令,将使(　　　)。

    A. 该文档原先在磁盘上的文件保持原样,目前处理的最后结果以另外的文档名和路径存入磁盘

    B. 该文档原先在磁盘上的文件被删除,目前处理的最后结果以另外的文档名和路径存入磁盘

    C. 该文档原先在磁盘上的文件变为目前处理的最后结果,同时该结果也以另外的文档名和路径存入磁盘

    D. 该文档原先在磁盘上的文件扩展名改为 BAK,目前处理的最后结果以另外的文档名和路径存入磁盘

76. 以下 4 项描述中有一个不是 Windows XP 的功能特点,它是(　　　)。

    A. 一切操作都通过图形用户界面,不能执行 DOS 命令

    B. 可以用鼠标操作来代替许多烦琐的键盘操作

    C. 提供了多任务环境

    D. 不再依赖 DOS,因而也就突破了 DOS 只能直接管理 640KB 内存的限制

77. 在 Windows XP 环境中,以下不是鼠标的基本操作方式是(　　　)。

    A. 单击   B. 连续交替按下左右键

    C. 双击   D. 拖放

78. 在 Windows XP 环境中,每个窗口的"标题栏"的右边都有一个标有空心方框的方形按钮,单击它可以(　　　)。

    A. 关闭该窗口   B. 把该窗口最大化

    C. 打开该窗口   D. 把该窗口最小化

79. 在 Windows XP 环境中,展开"文件"下拉菜单,在其中的"打开"命令项的右面括弧中有一个带下画线的字母 O,此时要想执行"打开"操作,可以在键盘上按(　　　)。

    A. Shift+O 键   B. O 键   C. Alt+O 键   D. Ctrl+O 键

80. 在 Windows XP 环境中,有些下拉菜单中有自成一组命令项,与其他项之间用一条横线隔开,用鼠标单击其中一个命令项时其左面会显示"."符号。这是一组( )。

   A. 单选设置按钮   B. 有对话框的命令

   C. 多选设置按钮   D. 有子菜单的命令

81. 在 Windows XP 环境中,通常情况下为了执行一个应用程序,可以在"资源管理器"窗口内,用鼠标( )。

   A. 单击相应的可执行程序   B. 单击一个文档

   C. 双击一个文档   D. 右击相应的可执行程序

82. 在中文 Windows XP 的资源管理器窗口中,要选择多个相邻的文件以便对其进行某些处理操作(如复制、移动),选择文件的方法为( )。

   A. 逐个单击各文件图标

   B. 单击第一个文件图标,再用逐个右击其余各文件图标

   C. 单击第一个文件图标,在按下 Ctrl 键的同时单击最后一个文件图标

   D. 单击第一个文件图标,在按下 Shift 键的同时单击最后一个文件图标

83. 在 Windows XP 的资源管理器窗口内又分为左右两个部分,( )。

   A. 左边显示指定目录里的文件信息,右边显示磁盘上的树形目录结构

   B. 左边显示磁盘上的文件目录,右边显示指定文件的具体内容

   C. 两边都可以显示磁盘上的树形目录结构或指定目录里的文件信息,由用户决定

   D. 左边显示磁盘上的树形目录结构,右边显示指定目录里的文件信息

84. 在 Windows XP 的"资源管理器"的目录窗口中,显示着指定目录里的文件信息,其显示方式是( )。

   A. 可以只显示文件名,也可以显示文件的部分或全部目录信息,由用户选择

   B. 固定为显示文件的全部目录信息

   C. 固定为显示文件的部分目录信息

   D. 只能显示文件名

85. 下面关于快捷菜单的描述中,( )不是正确的。

   A. 按 Esc 键或单击桌面或窗口上的任一空白区域,都可以退出快捷菜单

   B. 快捷菜单可以显示出与某一对象相关的命令菜单

   C. 选定需要操作的对象右击,屏幕上就会弹出快捷菜单

   D. 选定需要操作的对象单击,屏幕上就会弹出快捷菜单

86. 下面关于 Windows XP 窗口的描述中( )是不正确的。

   A. Windows XP 环境下的窗口中都具有标题栏

   B. 在应用程序窗口中出现的其他窗口,称为文档窗口

   C. 既可移动位置,又可改变大小

   D. 在 Windows XP 中启动一个应用程序,就打开一个窗口

87. 在 Windows XP 环境中,若在桌面上同时打开多个窗口,则下面关于活动窗口(即当前窗口)的描述中( )是不正确的。

   A. 活动窗口的标题栏是高亮度的

B. 可移动在屏幕上的位置

C. 活动窗口在任务栏上的按钮为按下状态

D. 桌面上可以同时有两个活动窗口

88. 在 Windows XP 环境下，"我的电脑"或"资源管理器"窗口的右区中，选取任意多个文件的方法是（　　）。

　　A. 选取第一个文件后，按住 Alt 键，再单击第二个，第三个……

　　B. 选取第一个文件后，按住 Shift 键，再单击第二个，第三个……

　　C. 选取第一个文件后，按住 Ctrl 键，再单击第二个，第三个……

　　D. 选取第一个文件后，按住 Tab 键，再单击第二个，第三个……

89. 在 Windows XP 环境中，实行（　　）操作，将立即删除选中的文件或文件夹，而不会将它们放入回收站。

　　A. 按 Shift＋Del 组合键

　　B. 按 Del 键

　　C. 在"文件"菜单中选择"删除"命令

　　D. 打开快捷菜单，选择"删除"命令

90. 在 Windows XP 环境中，在"我的电脑"或"资源管理器"窗口中，使用（　　）可以按名称、类型、大小、日期排列右区的内容。

　　A. "编辑"菜单　　　　　　　　　　　B. "文件"菜单

　　C. 快捷菜单　　　　　　　　　　　　D. "查看"菜单

实验 7 创建、保存 Word 文档并简单编辑文本

【实验目的】

1. 学会创建和保存 Word 文档；
2. 练习在 Word 2003 软件下简单编辑文本。

【实验环境】

1. Windows XP 中文版；
2. Word 2003 中文版。

【实验示例】

1. 创建并保存 Word 文档

（1）打开 Word 2003，并在空白处输入以下文字。输入完毕后保存到 D:\student 文件夹下并命名为"演示文稿"。在桌面上双击"Microsoft Office Word 2003"图标，即可打开 Word 2003，将输入法切换为中文输入法，然后在光标闪烁处输入以下文字。输入完毕后，单击菜单栏中"文件"→"保存"，弹出"另存为"对话框，如图 7.1 所示。在保存位置右边下拉框中选择"D:\"，在空白处双击 student 文件夹打开，最后单击"保存"按钮即可。

云计算时代

从 2008 年起，云计算（Cloud Computing）概念逐渐流行起来，它正在成为一个通俗和大众化（Popular）的词语。云计算被视为"革命性的计算模型"，因为它使得超级计算能力通过互联网自由流通成为了可能。企业与个人用户无须再投入昂贵的硬件购置成本，只需要通过互联网来购买租赁计算力，用户只用为自己需要的功能付钱，同时消除传统软件在硬件，软件，专业技能方面的花费。云计算让用户脱离技术与部署上的复杂性而获得应用。云计算囊括了开发、架构、负载平衡和商业模式等，是软件业的未来模式。

云计算（Cloud Computing）是基于互联网的相关服务的增加、使用和交付模式，通常涉及通过互联网来提供动态易扩展且经常是虚拟化的资源。狭义云计算指 IT 基础设施的交付和使用模式；广义云计算指通过网络以按需、易扩展的方式获得所需服务。这种服务可以是 IT 和软件、互联网相关，也可是其他服务。

（2）设置自动保存时间为 2 分钟。单击菜单栏上"工具"→"选项"，弹出"选项"对话框，选择"保存"选项卡，把"自动保存时间间隔"改为 2 分钟。

2. 编辑文本

（1）将标题设置为仿宋_GB2312 体二号、加粗、居中。拖动鼠标选中标题（选中后为反白显示），在工具栏中字体下拉框中选择"仿宋_GB2312"，"加粗"和"居中"。

（2）将整个文档中的"互联网"替换成"因特网"。单击菜单栏上"编辑"→"替换"，弹出"查找和替换"对话框，选择"替换"选项卡，如图 7.2 所示，在"查找内容"后输入"互联网"，在"替换为"后输入"因特网"，单击"全部替换"按钮并关闭"查找和替换"对话框即可。

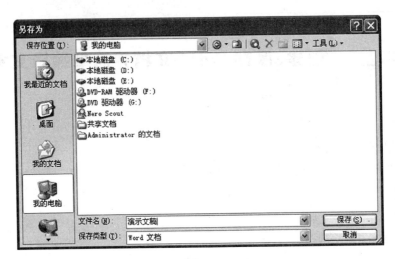

图 7.1 "另存为"对话框

图 7.2 "查找和替换"对话框

(3)将第二段文字加下画线。将鼠标指针放在第三段左边的选择区,当鼠标变成空心箭头时双击,选中第二段,单击"格式"→"字体",弹出"字体"对话框,选择"字体"选项卡,在"下划线线型"下拉框中选择"字下加线",单击"确定"按钮。

【实验内容】

1. 创建一空白 Word 文档,并命名为"课堂练习"保存在 D:\student 文件夹下。

2. (1)打开"课堂练习"Word 文档,并输入以下文字。

水资源

水是人类及一切生物赖以生存的必不可少的重要物质,是工农业生产、经济发展和环境改善不可替代的极为宝贵的自然资源。水资源(water resources)一词虽然出现较早,随着时代进步其内涵也在不断丰富和发展。但是水资源的概念却既简单又复杂,其复杂的内涵通常表现在:水类型繁多,具有运动性,各种水体具相互转化的特性;水的用途广泛,各种用途对其量和质均有不同的要求;水资源所包含的"量"和"质"在一定条件下可以改变;更为重要的是,水资源的开发利用受经济技术、社会和环境条件的制约。因此,人们从不同角度的认识和体会,造成对水资源一词理解的不一致和认识的差异。目前,关于水资源普遍认可的概念可以理解为人类长期生存、生活和生产活动中所需要的既具有数量要求和质量前提的水量,包括使用价值和经济价值。

　　广义上的水资源是指能够直接或间接使用的各种水和水中物质,对人类活动具有使用价值和经济价值的水均可称为水资源。

　　狭义上的水资源是指在一定经济技术条件下,人类可以直接利用的淡水。本词条中所论述的水资源限于狭义的范畴,即与人类生活和生产活动以及社会进步息息相关的淡水资源。

　　(2)设置自动保存时间为1分钟。将标题"水资源"改为空心字(宋体、14号、居中);将第一段(水是人类及一切生物……经济价值)右缩二个字符;将第二段首行缩进两个字符,并将段落中的汉字调整为红色。

　　(3)给第三段加上着重号,并将全文文字字体调整为黑体,字号调整为"小四"。

实验 8　设置字符格式和创建、应用样式

【实验目的】

1. 学会在 Word 2003 中设置字符格式；
2. 练习在 Word 2003 中创建、应用样式。

【实验环境】

1. Windows XP 中文版；
2. Word 2003 中文版。

【实验示例】

1. 设置字符格式

（1）要求将实验 7 中"演示文稿"第二段中所有字符加上边框和底纹。双击桌面上"我的电脑"→"D:\"→"student"文件夹→"演示文稿.doc"打开"演示文稿"文档，选中第二段，单击菜单栏上"格式"→"边框和底纹"，打开"边框和底纹"对话框，选择"边框"选项卡，单击"方框"，然后再选择"底纹"选项卡，在"填充"下的颜色板中选择"淡紫"，单击"确定"按钮。

（2）要求将全文文字字符间距加宽为 1 磅，并设置一种动态效果。单击菜单栏上"编辑"→"全选"，选中全文，单击菜单栏上"格式"→"字体"，打开"字体"对话框，选择"字符间距"选项卡，在"间距"右边下拉框中选择"加宽"，"磅值"输入"1 磅"，再选择"文字效果"选项卡，在"动态效果"选择"礼花绽放"，如图 8.1 所示，单击"确定"按钮。

图 8.1　"文字效果"选项卡

2. 创建、应用样式

（1）样式常用在文档中重复使用的固定格式中。如写毕业论文时，通常是学校要先制定出统一的论文样式，而后学生都按照此格式来编写论文，以达到所有学生写的论文具有统一

的格式。

（2）设置下列文档的样式，并在文档中应用此样式。样式名分别为"一级标题"、"二级标题"、"三级标题"、"四级标题"。其中"一级标题"的格式为字体为黑体、小二号、加粗、居中。"二级标题"格式为字体为黑体、小三号、加粗、居中。"三级标题"格式为字体黑体、小四号、加粗、左对齐。"四级标题"格式为字体宋体、五号、首行缩进 2 个字符。

第三章 系统需求分析

3.1 系统功能需求

3.1.1 基本信息管理

基本信息管理包括：添加供应商信息、添加服装信息、维护供应商信息和维护服装信息等具体功能。

基本信息管理是系统实现对供应商、客户以及服装信息进行基本操作的子用例。它实现了用户或者管理员对服装、供应商或者客户信息的增、删、改、查。

---

①单击菜单栏中"格式"→"样式和格式"，在 Word 窗口的右边部分弹出"样式和格式"对话框，单击"新样式"按钮，弹出"新建样式"对话框，如图 8.2 所示。

图 8.2 "新建样式"对话框

②在名称框中输入"一级标题"，单击"格式"按钮，在下拉菜单中选择字体和段落格式，单击"确定"按钮。

③在"新建样式"对话框中按以上步骤建立样式"二级标题"、"三级标题"、"四级标题"。

④选中"第三章 系统需求分析"，单击格式工具栏中"样式"下拉框，选择"一级标题"。选中"3.1 系统功能需求"，单击格式工具栏中"样式"下拉框，选择"二级标题"。选中"3.1.1基本信息管理"，单击格式工具栏中"样式"下拉框，选择"三级标题"。选中正文，单击格式工具栏中"样式"下拉框，选择"四级标题"。

【实验内容】

1.创建一空白 Word 文档，并命名为"课堂练习"保存在 D:\的 student 文件夹下。

2.打开"课堂练习" Word 文档，并输入以下文字。

国际博物馆日

1977 年 5 月 18 日是国际博物馆协会向世界宣布的第一个国际博物馆日。

约在公元前5世纪,在希腊的特尔费·奥林帕斯神殿里,有一座收藏各种雕塑和战利品的宝库,它被博物馆界视为博物馆的开端。在相当长的时间里,博物馆一直作为皇室贵族和少数富人观赏奇珍异宝的展览室。后来到了18世纪末,西欧一些国家的博物馆相继出现,并对公众开放,博物馆的文化功能才得到了新的发展,这样人们对博物馆的重视与认识逐步得到了提高。

1946年11月,国际博物馆协会在法国巴黎成立。1974年6月,国际博物馆协会于哥本哈根召开第11届会议,将博物馆定义为"是一个不追求营利,为社会和社会发展服务的公开的永久机构。它把收集、保存、研究有关人类及其环境见证物当做自己的基本职责,以便展出,公诸于众,提供学习、教育、欣赏的机会。"

1971年国际博物馆协会在法国召开大会,针对当今世界的发展,探讨了博物馆的文化教育功能与人类未来的关系。1977年,国际博物馆协会为促进全球博物馆事业的健康发展,吸引全社会公众对博物馆事业的了解、参与和关注,向全世界宣告:1977年5月18日为第一个国际博物馆日,并每年为国际博物馆日确定活动主题。

3.给标题添加边框,并添加15%的灰色底纹。给第二段加上着重号。给第三段文字字符间距缩小1磅,并添加文字效果。

4.设置下列文本的样式,其中样式名分别为"目录1"、"目录2"、"目录3",字体、字号、段落格式自定,并将所设置的样式应用与文本。

```
第四章　系统设计
4.1　系统主要功能模块设计
4.1.1　系统结构设计
4.1.2　系统主要模块类设计
4.2　数据库设计
4.2.1　逻辑结构设计
4.2.2　物理表设计
```

实验 9 设置段落格式和页面设置

【实验目的】

1. 学会在 Word 2003 中设置段落格式;
2. 练习在 Word 2003 中进行页面设置;
3. 练习在 Word 2003 中制作和编辑表格。

【实验环境】

1. Windows XP 中文版;
2. Word 2003 中文版。

【实验示例】

设置段落格式和页面设置方法:

打开实验 7 的"演示文稿"Word 文档,将全文中每段首行缩进 4 个字符。将第一段设置行距为最小值 20 磅;将第二段段前和段后各设置为 2 行行距。将纸张方向设置为横向。将全文设置为每页 4 行。加入页眉"云时代"并居中对齐。设置步骤如下:

(1)拖动鼠标选取"演示文稿"正文部分所有内容,单击菜单栏上"格式"→"段落",弹出"段落"对话框,选择"缩进和间距"选项卡,在"特殊格式"下选择"首行缩进",在"度量值"下输入"4 字符"。最后单击"确定"按钮。

(2)将鼠标放在第一段左边的选择区,当鼠标变成空心箭头时,双击鼠标左键选取第一段,单击菜单栏上"格式"→"段落",弹出"段落"对话框,选择"缩进和间距"选项卡,在"行距"下选择"最小值",在"设置值"下输入"20 磅"。最后单击"确定"按钮。

(3)将光标停在第二段中任意位置,单击菜单栏上"格式"→"段落",弹出"段落"对话框,选择"缩进和间距"选项卡,在"段前"右输入"2 行","段后"右输入"2 行"。最后单击"确定"按钮。

(4)单击菜单栏上"文件"→"页面设置",弹出"页面设置"对话框,选择"页边距"选项卡,将方向选择为"横向"。然后选择"文档网络"选项卡,在"每页"后输入"4"。最后单击"确定"按钮。

(5)单击菜单栏上"视图"→"页眉页脚",弹出"页眉页脚"工具栏,这时光标在页眉处闪烁,将光标移动到最左边,输入文字"云时代"。最后关闭"页眉页脚"工具栏。

【实验内容】

1. 打开实验 8 的"课堂练习"Word 文档,将文档上、下、左、右页边距设置为 3 厘米。指定每行为 20 个字符,并将全文分为两栏。

2. 将第一段设置为右缩进两个字符,并将首字下沉 2 行。给第二段添加段落边框,并将段前和段后间距设置为 3 行。

3. 加入页眉"国际博物馆日"并右对齐,加入页脚插入页码并居中。

4.制作表9.1。要求:将表格居中,表格中所有中文的格式设置为华文新魏,英文字体为 Times New Roman,小四号,在单元格中居中。将表格外框线改为1.5磅实线,内框线改为 0.75磅单实线。将列宽和行距调整到合适的大小。

表9.1 练习表格
散客定餐单
DINNER ORDER FORM　NO.

房号 Room No.	姓名 Name	国籍 Nationality
酒家 Name of restaurant		
用膳日期时间 Date&Time		

人数 Persons		台数 Tables	
每人(台)标准 Price for each Person(table)			

有何特殊要求 Special Preferences Price	

处理情况	酒家承办人:

经手人:

年　　月　　日

实验 10　图文混排技术和邮件合并

【实验目的】

1. 学会在 Word 2003 中进行图文混排；
2. 练习在 Word 2003 中使用邮件合并技术。

【实验环境】

1. Windows XP 中文版；
2. Word 2003 中文版。

【实验示例】

1. 图文混排

(1)在文本中插入图片。打开实验 7 的"演示文稿"Word 文档，将光标停留在欲插入图片的位置，这里以第一段左上角为例，单击菜单栏"插入"→"图片"→"来自文件"，弹出"插入图片"对话框，找到 C:\WINDOWS\Coffee Bean. bmp，单击"插入"按钮即可。如图 10.1 所示。

云计算时代

从2008年起，云计算(Cloud Computing)概念逐渐流行起来，它正在成为一个通俗和大众化(Popular)的词语。云计算被视为"革命性的计算模型来，因为它使得超级计算能力通过互联网自由流通成为了可能。企业与个人用户无须再投入昂贵的硬件购置成本，只需要通过互联网来购买租赁计算力，用户只用为自己需要的功能付钱，同时消除传统软件在硬件、软件、专业技能方面的花费。云计算让用户脱离技术与部署上的复杂性而获得应用。云计算囊括了开发、架构、负载平衡和商业模式等，是软件业的未来模式。

云计算(Cloud Computing)是基于互联网的相关服务的增加、使用和交付模式，通常涉及通过互联网来提供动态易扩展且经常是虚拟化的资源。狭义云计算指IT基础设施的交付和使用模式；广义云计算指通过网络以按需、易扩展的方式获得所需服务。这种服务可以是IT和软件、互联网相关，也可是其他服务。

图 10.1　插入图片

(2)设置图片版式。将文字环绕图片方式设置为上下型，并将图片居中。单击上面图片，选取图片，图片四周出现调整控点，在图片上右击，弹出快捷菜单，选择"设置图片格式"，弹出"设置图片格式"对话框，选择"版式"选项卡，单击"高级"按钮，弹出"高级版式"对话框，选择"上下型"，单击"确定"按钮回到"版式"选项卡。在"水平对齐方式下"选择"居中"，最后单击"确定"按钮。结果如图 10.2 所示。

云计算时代

　　从2008年起，云计算(Cloud Computing)概念逐渐流行起来，它正在成为一个通俗和大众化(Popular)的词语。云计算被视为"革命性的计算模型"，因为它使得超级计算能力通过互联网自由流通成为了可能。企业与个人用户无须再投入昂贵的硬件购置成本，只需要通过互联网来购买租赁计算力，用户只用为自己需要的功能付钱，同时消除传统软件在硬件、软件、专业技能方面的花费。云计算让用户脱离技术与部署上的复杂性而获得应用。云计算囊括了开发、架构、负载平衡和商业模式等，是软件业的未来模式。

　　云计算(Cloud Computing)是基于互联网的相关服务的增加、使用和交付模式，通常涉及通过互联网来提供动态易扩展且经常是虚拟化的资源。狭义云计算指IT基础设施的交付和使用模式；广义云计算指通过网络以按需、易扩展的方式获得所需服务。这种服务可以是IT和软件、互联网相关，也可是其他服务。

图 10.2　设置图片版式

2. 邮件合并技术

(1)制作套用信函。Word 提供的制作套用信函,通常是用在某上级向下级单位发送会议通知、公司向客户发送邀请信。这种信函要求有不同的抬头,但是具有相同的正文。

(2)制作如图 10.3 所示的利用套用信函来制作学生奖状。

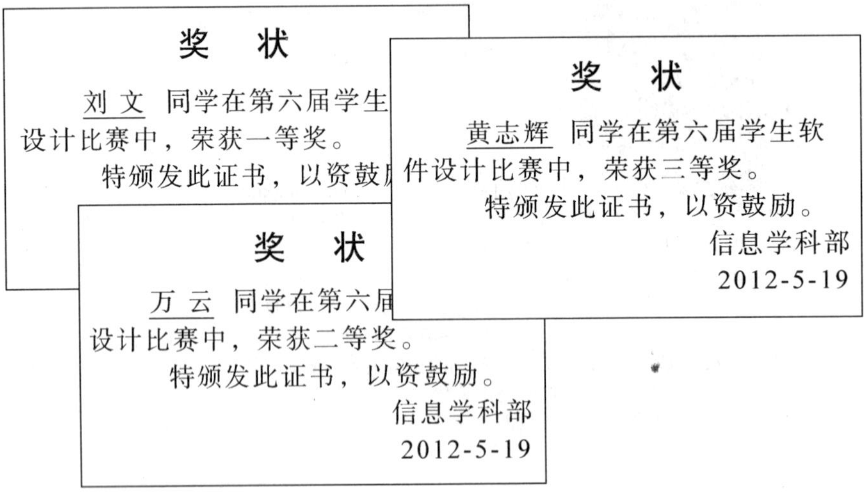

奖　状

刘文　同学在第六届学生软件设计比赛中，荣获一等奖。

特颁发此证书，以资鼓励。

奖　状

万云　同学在第六届学生软件设计比赛中，荣获二等奖。

特颁发此证书，以资鼓励。

信息学科部

2012-5-19

奖　状

黄志辉　同学在第六届学生软件设计比赛中，荣获三等奖。

特颁发此证书，以资鼓励。

信息学科部

2012-5-19

图 10.3　套用信函

　　(3)该奖状例子中包含两个部分的内容,一部分为可变动内容,如学生姓名以及获奖等级;另一部分为所有奖状中都相同的文字内容。首先在新建的 Word 文档中输入奖状里相同的文字内容并排好版,然后单击菜单栏"工具"→"信函与邮件"→"邮件合并",弹出"邮件合并"对话框(在屏幕右侧),选择"信函"单击"下一步"按钮;选中"使用当前文档"单击"下一步"按钮;在"选择收件人"下选择"键入新列表",然后再选择"创建新的收件人列表",弹出

"新建地址列表"对话框,如图10.4所示。

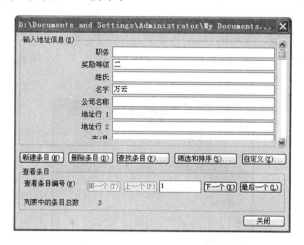

图10.4 新建地址列表

(4)在地址列表中先通过"自定义"添加一项"奖励等级";再在"名字"、"奖励等级"项后输入相关信息。如名字"万云",奖励等级"二",输入过程可单击"新建条目"按钮来添加新的记录。

(5)输入完毕后,单击"关闭"按钮,弹出"保存通讯录"对话框,如图10.5所示。输入完毕文件名后,单击"保存"按钮,弹出"邮件合并收件人"对话框,如图10.6所示。

图10.5 "保存通讯录"对话框

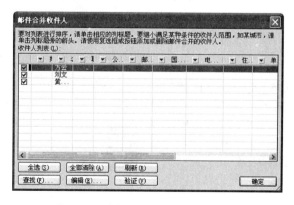

图10.6 "邮件合并收件人"对话框

（6）单击"全选"按钮，最后单击"确定"按钮回到"邮件合并"对话框。

（7）单击"下一步：撰写信函"，在事先写好的奖励内容中，将光标定位于要输入姓名或奖励等级的地方，单击"邮件合并"对话框内的"其他项目"，弹出"插入合并域"对话框，如图 10.7 所示。选择"姓名"，单击"插入"按钮，选择"奖励等级"，单击"插入"按钮。插入完毕后单击"关闭"按钮。

图 10.7 "插入合并域"对话框

（8）单击"下一步：预览信函"，单击"下一步：完成合并"，在"完成合并"这一步中单击"编辑个人信函"，弹出"合并到新文档"对话框，单击"确定"按钮，如图 10.8 所示。

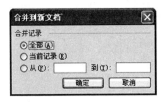

图 10.8 "合并到新文档"对话框

【实验内容】

给家长的一封信

尊敬的_____同学家长：

寒假来临，祝您身体健康、新春快乐、万事如意！

您的孩子已在我系顺利完成了一个学期的学习，感谢您对我系学生工作的大力支持与配合！现将_____同学本学期期末考试的成绩单 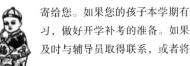 寄给您。如果您的孩子本学期有不及格的课程，请您督促他在假期中认真复习，做好开学补考的准备。如果您在教育和培养孩子方面有什么建议，请您及时与辅导员取得联系，或者将建议以书面方式邮寄我系。

谢谢您的支持与配合！

信息学科部计算机系

2012-5-19

1.（1）将上面文字输入到 Word 空白文档内。并任意插入一幅图片，与文字的关系为居中、四周型，效果如上图。

（2）插入文本框，将第二段文字放在文本框中，并以竖排形式排放。

2.对上述信件内容制作套用信函。学生信息表如表 10.1 所示。

表 10.1　计算机系学生通讯录

学号	姓名	专业	联系电话
1	胡成款	计算机科学与技术	13807919199
2	阮迎贤	计算机科学与技术	13979137999
3	刘群	软件工程	13707984699
4	张文荣	软件工程	13979160299
5	李辉	电子商务	13694837499

实验 11　Word 2003 基础知识练习

【实验目的】

掌握本章的基础知识,学会在计算机上做习题的方法,为今后各种考核做准备。

【实验环境】

1. Windows XP 中文版;

2. Word 2003 中文版。

【实验方法】

把老师给的 Word 2003 基础知识试题的 Word 文档复制到自己工作计算机上,打开该文档,仔细阅读每道题目,把每题的正确答案填写到该题目中的括号中。做完后保存好自己的文档(用 U 盘保存),堂课最后 10 分钟再与老师给的参考答案核对,修改后保存。

【实验内容】

Word 2003 基础知识习题试题

单选题

1. 在 Word 2003 中,为打开同一目录下两个非连续的文件,在打开对话框中,其选择方式是（　　　）。

　　A. 单击第一个文件,Shift＋单击第二个文件

　　B. 单击第一个文件,Ctrl＋单击第二个文件

　　C. 双击第一个文件,Shift＋双击第二个文件

　　D. 单击第一个文件,Ctrl＋双击第二个文件

2. 在 Word 2003 编辑状态下,若要进行选定文本行间距的设置,应该选择的操作是（　　　）。

　　A. 单击"编辑"→"格式"

　　B. 单击"格式"→"段落"

　　C. 单击"编辑"→"段落"

　　D. 单击"格式"→"字体"

3. 在编辑文章时,要将第五段移到第二段前,可先选中第五段文字,然后（　　　）。

　　A. 单击"剪切"按钮,再把插入点移到第二段开头,单击"粘贴"按钮

　　B. 单击"粘贴"按钮,再把插入点移到第二段开头,单击"剪切"按钮

　　C. 把插入点移到第二段开头,单击"剪切"按钮,再单击"粘贴"按钮

　　D. 单击"复制"按钮,再把插入点移到第二段开头,单击"粘贴"按钮

4. 在 Word 编辑状态下,使用超级链接可以使用（　　　）。

　　A. 工具菜单中的命令　　　　　　　　B. 编辑菜单中的命令

　　C. 格式菜单中的命令　　　　　　　　D. 插入菜单中的命令

5. 页面设置对话框中不能设置（　　）。

    A. 纸张大小　　　　B. 页边距　　　　　C. 打印范围　　　　D. 正文横排或竖排

6. 在使用 Word 文本编辑软件时,可在标尺上直接进行的是(　　)操作。

    A. 嵌入图片　　　　B. 对文章分栏　　　C. 段落首行缩进　　D. 建立表格

7. Word 中显示有页号、节号、页数、总页数等的是(　　)。

    A. 常用工具栏　　　B. 菜单栏　　　　　C. 格式工具栏　　　D. 状态栏

8. 使用常用工具栏的按钮,可以直接进行的操作是(　　)。

    A. 嵌入图片　　　　B. 对文章分栏　　　C. 插入表格　　　　D. 段落首行缩进

9. 在那种视图模式下,首字下沉和首字悬挂无效(　　)。

    A. 页面　　　　　　B. 普通　　　　　　C. Web　　　　　　D. 全屏显示

10. Word 2003 主窗口的标题栏最右边显示的按钮是(　　)。

    A. 最小化按钮　　　B. 还原按钮　　　　C. 关闭按钮　　　　D. 最大化按钮

11. "页面设置"命令在(　　)菜单中。

    A. "文件"　　　　　B. "编辑"　　　　　C. "格式"　　　　　D. "工具"

12. "样式"命令在(　　)工具栏上。

    A. 常用　　　　　　B. 窗体　　　　　　C. 格式　　　　　　D. 框架集

13. 若要在打印文档之前预览,应使用的命令是(　　)。

    A. "格式"菜单中的"段落"命令

    B. "视图"菜单中的"文档结构"命令

    C. "常用"工具栏中的"打印"图标

    D. "文件"菜单中的"打印预览"命令

14. 在 Word 中,为了选择一个完整的行,用户应把鼠标指针移到行左侧的选定栏,出现斜向箭头后,(　　)。

    A. 单击　　　　　　　　　　　　　B. 双击

    C. 三击鼠标的左键　　　　　　　　D. 右击

15. 在 Word 中,以下说法正确的是(　　)。

    A. Word 中可将文本转化为表,但表不能转成文本

    B. Word 中可将表转化为文本,但文本不能转成表

    C. Word 中文字和表不能互相转化

    D. Word 中文字和表可以互相转化

16. "减少缩进量"和"增加缩进量"调整的是(　　)。

    A. 全文的左缩进　　　　　　　　　B. 右缩进

    C. 选定段落的左缩进　　　　　　　D. 所有缩进

17. 在 Word 2003 编辑状态,执行两次"复制"操作后,则剪贴板中(　　)。

    A. 仅有第一次被复制的内容　　　　B. 仅有第二次被复制的内容

    C. 有两次被复制的内容　　　　　　D. 无内容

18. 有关 Word 2003"打印预览"窗口,说法错误的是( )。

    A. 此时不可插入表格   B. 此时可全屏显示

    C. 此时可调整页边距   D. 可以单页或多页显示

19. 如果想在 Word 主窗口中显示常用工具按扭,应当使用的菜单是( )。

    A."工具"菜单   B."视图"菜单

    C."格式"菜单   D."窗口"菜单

20. 在使用 Word 文本编辑软件时,为了选定文字,可先把光标定位在起始位置,然后按住( ),并用鼠标单击结束位置。

    A. 控制键 Ctrl   B. 组合键 Alt   C. 换档键 Shift   D. 退格键 Esc

21. 在 Word 文档中创建图表的正确方法有( )。

    A. 使用"格式"工具栏中的"图表"按钮

    B. 根据文档中的文字生成图表

    C. 使用"插入"菜单中的"对象"

    D. 使用"表格"菜单中的"图表"

22. 在 Word 编辑状态,先后打开了 d1.doc 文档和 d2.doc 文档,则( )。

    A. 可以使两个文档的窗口都显现出来

    B. 只能显现 d2.doc 文档的窗口

    C. 只能显现 d1.doc 文档的窗口

    D. 打开 d2.doc 后两个窗口自动并列显示

23. 在 Word 编辑状态,进行"打印"操作,应当使用的菜单是( )。

    A."编辑"菜单   B."文件"菜单   C."视图"菜单   D."工具"菜单

24. 在 Word 的菜单中,经常有一些命令是暗淡的,这表示( )。

    A. 这些命令在当前状态不起作用

    B. 系统运行故障

    C. 这些命令在当前状态下有特殊效果

    D. 应用程序本身有故障

25. 在( )视图下,可以显示分页效果。

    A. 普通   B.Web 版式   C. 页面   D. 大纲

26. 在 Word 的编辑状态,文档窗口显示出水平标尺,拖动水平标尺上沿的"首行缩进"滑块,则( )。

    A. 文档中各段落的首行起始位置都重新确定

    B. 文档中被选择的各段落首行起始位置都重新确定

    C. 文档中各行的起始位置都重新确定

    D. 插入点所在行的起始位置被重新确定

27. 在 Word 的编辑状态,当前编辑的文档是 C 盘中的 d1.doc 文档,要将该文档复制到软盘,应当使用( )。

    A."文件"菜单中的"另存为"命令

    B."文件"菜单中的"保存"命令

C. "文件"菜单中的"新建"命令

D. "插入"菜单中的命令

28. 若要进入页眉页脚编辑区,可以单击( )菜单,再选择"页眉和页脚"命令。

    A. 文件   B. 视图   C. 编辑   D. 格式

29. 在 Word 编辑状态,可以使插入点快速移到文档首部的组合键是( )。

    A. Ctrl＋Home   B. Alt＋Home   C. Home   D. PageUp

30. 在 Word 的编辑状态,打开了一个文档,进行"保存"操作后,该文档( )。

    A. 被保存在原文件夹下   B. 可以保存在已有的其他文件夹下

    C. 可以保存在新建文件夹下   D. 保存后文档被关闭

31. 进入 Word 后,打开了一个已有文档 w1.doc,又进行了"新建"操作,则( )。

    A. w1.doc 被关闭   B. w1.doc 和新建文档均处于打开状态

    C. "新建"操作失败   D. 新建文档被打开但 w1.doc 被关闭

32. 在 Word 中,要想对全文档的有关信息进行快速准确的替换,可以使用"查找和替换"对话框,以下方法中( )是错误的。

    A. 使用"文件"菜单中的"替换"命令

    B. 使用"编辑"菜单中的"查找"命令

    C. 使用"编辑"菜单中的"替换"命令

    D. 使用"编辑"菜单中的"定位"命令

33. 在 Word 编辑状态,包括能设定文档行间距命令的菜单是( )。

    A. "文件"菜单   B. "窗口"菜单   C. "格式"菜单   D. "工具"菜单

34. 在 Word 中,可以显示水平标尺的两种视图模式是( )。

    A. 普通模式和页面模式   B. 普通模式和大纲模式

    C. 页面模式和大纲模式   D. 大纲模式和 Web 版式

35. 单击 Word 主窗口标题栏右边显示的"最小化"按钮后( )。

    A. Word 的窗口被关闭

    B. Word 的窗口最小化为任务栏上一按钮

    C. Word 的窗口关闭,变成窗口图标关闭按钮

    D. 被打开的文档窗口关闭

36. 在 Word 2003 编辑状态,执行两次"剪切"操作,则剪贴板中( )。

    A. 仅有第一次被剪切的内容   B. 仅有第二次被剪切的内容

    C. 有两次被剪切的内容   D. 无内容

37. 在 Word 的编辑状态打开了一个文档,对文档作了修改,进行"关闭"文档操作后( )。

    A. 文档被关闭,并自动保存修改后的内容

    B. 文档不能关闭,并提示出错

    C. 文档被关闭,修改后的内容不能保存

    D. 弹出对话框,并询问是否保存对文档的修改

38. 在 Word 的编辑状态,选择了一个段落并设置段落的"首行缩进"设置为 1 厘米,则( )。

    A. 该段落的首行起始位置距页面的左边距 1 厘米

B. 文档中各段落的首行只由"首行缩进"确定位置

C. 该段落的首行起始位置距段落的"左缩进"位置的右边 1 厘米

D. 该段落的首行起始位置在段落"左缩进"位置的左边 1 厘米

39. 在 Word 的编辑状态,打开了"w1.doc"文档,把当前文档以"w2.doc"为名进行"另存为"操作,则( )。

    A. 当前文档是 w1.doc   B. 当前文档是 w2.doc

    C. 当前文档是 w1.doc 与 w2.doc   D. w1.doc 与 w2.doc 全被关闭

40. 在 Word 的编辑状态,选择了文档全文,若在"段落"对话框中设置行距为 20 磅的格式,应当选择"行距"列表框中的( )。

    A. 单倍行距   B. 1.5 倍行距

    C. 固定值   D. 多倍行距

41. 在 Word 的编辑状态,当前编辑文档中的字体全是宋体字,选择了一段文字使之成反显状,先设定了楷体,又设定了仿宋体,则( )。

    A. 文档全文都是楷体   B. 被选择的内容仍为宋体

    C. 被选择的内容变为仿宋体   D. 文档的全部文字的字体不变

42. 在 Word 的编辑状态,选择了整个表格,执行了表格菜单中的"删除行"命令,则( )。

    A. 整个表格被删除   B. 表格中一行被删除

    C. 表格中一列被删除   D. 表格中没有被删除的内容

43. 如果要改变字间距,可以( )。

    A. 在"编辑"菜单中选择"段落"命令

    B. 在"格式"菜单中选择"段落"命令

    C. 在"视图"菜单中选择"字体"命令

    D. 右击选定的文本,在弹出的快捷菜单中选择"字体"命令

44. 在 Word 的编辑状态,要模拟显示打印效果,应当单击常用工具栏中的( )。

    A. "打印机图"按钮   B. "放大镜图"按钮

    C. "包和文件图"按钮   D. "打开的书图"按钮

45. 在 Word 的编辑状态,为文档设置页码,可以使用( )。

    A. "工具"菜单中的命令   B. "编辑"菜单中的命令

    C. "格式"菜单中的命令   D. "插入"菜单中的命令

46. 设定打印纸张大小时,应当使用的命令是( )。

    A. "文件"菜单中的"打印预览"命令

    B. "文件"菜单中的"页面设置"命令

    C. "视图"菜单中的"工具栏"命令

    D. "视图"菜单中的"页面"命令

47. 在 Word 的编辑状态,执行"编辑"菜单中的"粘贴"命令后( )。

    A. 被选择的内容移到插入点处

    B. 被选择的内容移到剪贴板处

    C. 剪贴板中的内容移到插入点处

　　　D. 剪贴板中的内容复制到插入点处

48. 如果选择的打印页码为 4－10,16,20,则表示打印的是(　　　)。

　　　A. 第 4 页,第 10 页,第 16 页,第 20 页

　　　B. 第 4 页至第 10 页,第 16 页至第 20 页

　　　C. 第 4 页至第 10 页,第 16 页,第 20 页

　　　D. 第 4 页,第 10 页,第 16 页至第 20 页

49. 在 Word 的编辑状态,连续进行了两次"插入"操作,当单击一次"撤销"按钮后(　　　)。

　　　A. 将两次插入的内容全部取消

　　　B. 将第一次插入的内容全部取消

　　　C. 将第二次插入的内容全部取消

　　　D. 两次插入的内容都不被取消

50. 在 Word 的编辑状态,利用下列(　　　)中的命令可以选定单元格。

　　　A. "表格"菜单　　　　　　　　　　　B. "工具"菜单

　　　C. "格式"菜单　　　　　　　　　　　D. "插入"菜单

51. 选择了文本后,按 Del 键将选择的文本(　　　)。

　　　A. 删除并存入剪贴板　　　　　　　　B. 删除

　　　C. 不删除但存入剪贴板　　　　　　　D. 按复制按钮可恢复

52. 在 Word 的编辑状态,按先后顺序依次打开了 d1.doc、d2.doc、d3.doc、d4.doc 4 个文档,当前的活动窗口是(　　　)。

　　　A. d1.doc 的窗口　　B. d2.doc 的窗口　　C. d3.doc 的窗口　　D. d4.doc 的窗口

53. Word 具有分栏功能,下列关于分栏的说法中正确的是(　　　)。

　　　A. 最多可以设 4 栏　　　　　　　　　B. 各栏的宽度必须相同

　　　C. 各栏的宽度可以不同　　　　　　　D. 各栏不同的间距是固定的

54. 在 Word 的编辑状态,执行编辑菜单中"复制"命令后(　　　)。

　　　A. 被选择的内容被复制到插入点处

　　　B. 被选择的内容被复制到剪贴板

　　　C. 插入点所在的段落内容被复制到剪贴板

　　　D. 光标所在的段落内容被复制到剪贴板

55. 在 Word 中"打开"文档的作用是(　　　)。

　　　A. 将指定的文档从内存中读入,并显示出来

　　　B. 为指定的文档打开一个空白窗口

　　　C. 将指定的文档从外存中读入,并显示出来

　　　D. 显示并打印指定文档的内容

56. Word 的"文件"命令菜单底部显示的文件名所对应的文件是(　　　)。

　　　A. 当前被操作的文件　　　　　　　　B. 当前已经打开的所有文件

　　　C. 最近被操作过的文件　　　　　　　D. 扩展名是 doc 的所有文件

57. 在 Word 的编辑状态,设置了一个由多个行和列组成的空表格,将插入点定在某个单元格内,单击"表格"命令菜单中的"选定行"命令,再单击"表格"命令菜单中的"选定列"命

令,则表格中被"选择"的部分是(　　　)。

   A. 插入点所在的行   B. 插入点所在的列

   C. 一个单元格   D. 整个表格

58. 当前活动窗口是文档 d1.doc 的窗口,单击该窗口的"最小化"按扭后(　　　)。

   A. 不显示 d1.doc 文档内容,但 d1.doc 文档并未关闭

   B. 该窗口和 d1.doc 文档都被关闭

   C. d1.doc 文档未关闭,且继续显示其内容

   D. 关闭了 d1.doc 文档但该窗口并未关闭

59. 在使用 Word 文本编辑软件时,要迅速将插入点定位到第一个"计算机"一词,可使用"查找和替换"对话框(　　　)。

   A. 替换   B. 设备

   C. 查找   D. 定位

60. 在使用 Word 文本编辑软件时,插入点位置是很重要的,因为文字的增删都将在此处进行。现在要删除一个字,当插入点在该字的前面时,应该按(　　　)。

   A. 退格键   B. 删除键   C. 空格键   D. 回车键

61. Word 中,如果用户错误的删除了文本,可用常用工具栏中的(　　　)按钮将被删除的文本恢复到屏幕上。

   A. 剪切   B. 粘贴   C. 撤销   D. 恢复

62. 在使用 Word 文本编辑软件时,要将光标直接定位到文件末尾,可用(　　　)键。

   A. Ctrl+PageUP   B. Ctrl+PageDown

   C. Ctrl+Home   D. Ctrl+End

63. 文字处理软件 Word 2003 中的"文件"命令菜单底部所列的文件名对应的是(　　　)。

   A. 当前被操作的文件

   B. 当前已经打开的所有文件

   C. 最近被操作的文件

   D. 扩展名为 DOC 的所有文件

64. Word 2003 文档扩展名的默认类型是(　　　)。

   A. DOC   B. DOT   C. WRD   D. TXT

65. 要在 Word 2003 的文档中插入数学公式,在"插入"菜单中应选择的命令是(　　　)。

   A. "符号"   B. "图片"   C. "文件"   D. "对象"

66. 下列选项不属于 Word 2003 窗口组成部分的是(　　　)。

   A. 标题栏   B. 对话框   C. 菜单栏   D. 状态栏

67. 在 Word 2003 中,调整文本行间距应选择(　　　)。

   A. "格式"菜单中的"字体"中的"行距"

   B. "格式"菜单中的"段落"中的"行距"

   C. "视图"菜单中的"标尺"

   D. "格式"菜单中的"边框和底纹"

68. 在 Word 编辑状态下,将整个文档选定的快捷键是(　　　)。

　　A. Ctrl＋A　　　　　B. Ctrl＋C　　　　　C. Ctrl＋V　　　　　D. Ctrl＋X

69. 设置字符格式,如字体、字号、字形等,可用(　　　)。

　　A."格式"工具栏中的相关图标　　　　　B."常用"工具栏中的相关图标

　　C."格式"菜单中的"中文版式"选项　　　D."格式"菜单中的"段落"选项

70. Word 2003 具有的功能是(　　　)。

　　A. 表格处理　　　　B. 绘制图形　　　　　C. 自动更正　　　　　D. 以上 3 项都是

71. 在 Word 编辑状态下进行"替换"操作时,应当使用的命令菜单是(　　　)。

　　A."工具"菜单　　　　　　　　　B."编辑"菜单

　　C."格式"菜单　　　　　　　　　D."插入"菜单

72. 在 Word 编辑状态下,打开一个文档进行"保存"操作后,该文档(　　　)。

　　A. 被保存在原文件夹下　　　　　B. 可以保存在已有的其他文件夹下

　　C. 可以保存在新建文件夹下　　　D. 保存后文档被关闭

73. 在 Word 编辑状态打开一个文档,对文档作了修改,进行"关闭"文档操作后是(　　　)。

　　A. 文档被关闭,并自动保存修改后的内容

　　B. 文档不能关闭,并提示出错

　　C. 文档被关闭,修改后的内容不能被保存

　　D. 弹出对话框,并询问是否保存对文档的修改

74. 在 Word 的编辑状态,若打开文档 ABC,修改后另存为 CBA,则文档 ABC(　　　)。

　　A. 被文档 CBA 覆盖　　　　　　B. 被修改未关闭

　　C. 被修改并关闭　　　　　　　　D. 未修改被关闭

75. 在 Word 编辑状态下,选择了当前文档的一个段落进行"清除"操作,则(　　　)。

　　A. 该段落被删除且不能恢复

　　B. 该段落被删除,但能恢复

　　C. 能利用"回收站"恢复被删除的该段落

　　D. 该段落被移到"回收站"

76. 在 Word 编辑状态下,将剪贴板上的内容粘贴到当前光标处,使用的快捷键是(　　　)。

　　A. Ctrl＋X　　　　　B. Ctrl＋V　　　　　C. Ctrl＋C　　　　　D. Ctrl＋A

77. 在 Word 编辑状态下,为文档设置页码,可以使用(　　　)。

　　A."工具"菜单中的命令　　　　　B."编辑"菜单中的命令

　　C."格式"菜单中的命令　　　　　D."插入"菜单中的命令

78. 在文字处理软件 Word 中,样式就是一组已命名的(　　　)。

　　A. 字符、表格和段落格式的组合　　　B. 字符格式的组合

　　C. 段落格式的组合　　　　　　　　　D. 字符和段落格式的组合

79. 在 Word 中,可利用(　　　)很直观地改变段落的缩进方式、调整左右边界、改变表格的栏宽。

　　A. 菜单栏　　　　　B. 工具栏　　　　　C. 格式栏　　　　　D. 标尺

80. 在 Word 2003 中,若要使文档内容横向打印,在"页面设置"中应选择的标签是(   )。

    A."纸型"   B."纸张来源"   C."版面"   D."页边距"

81. 在 Word 编辑状态下,在文档每一页底端插入注释,应该插入(   )。

    A.尾注   B.题注   C.脚注   D.批注

82. 在 Word 编辑状态下,选择了整个表格,并执行"表格"菜单是的"删除行"命令,则(   )。

    A.整个表格被删除   B.表格中一行被删除

    C.表格中一列被删除   D.表格中没有被删除的内容

83. 正确退出 Word 2003 的键盘操作为(   )。

    A.Shift+F4   B.Alt+F4   C.Ctrl+F4   D.Ctrl+Esc

84. Word 2003 中,一般常用的两个工具栏是(   )。

    A.格式、绘图   B.常用、窗体   C.常用、格式   D.绘图、窗体

85. 如果想在 Word 2003 中显示"常用工具栏",应当使用的菜单是(   )。

    A."工具"菜单   B."格式"菜单   C."视图"菜单   D."窗口"菜单

86. 启动中文 Word 2003 后,空白文档的名字为(   )。

    A.新文档.doc   B.文档1.doc   C.文档.doc   D.我的文档.doc

87. 在 Word 2003 文档中,进行文本格式化的最小单元是(   )。

    A.数字   B.字符   C.单个字母   D.单个汉字

88. 在 Word 2003 中,可以看到页眉和页脚的"视图"方式是(   )。

    A.普通视图   B.联机版式   C.页面视图   D.大纲视图

89. 在 Word 2003 中,视图方式有 4 种,分别为普通视图、页面视图、大纲视图和(   )视图。

    A.Web 版式   B.联机版式   C.连接版式   D.演示版式

90. 在 Word 2003 中,可以一次打开多个文件,选择连续多个文件时,可用键盘上(   )键配合鼠标使用。

    A.Ctrl   B.Alt   C.Shift   D.Tab

实验 12　Excel 2003 的基本操作

【实验目的】

1. 熟悉 Excel 2003 的工作环境，学会启动与退出 Excel 的常用方法，掌握 Excel 主界面的组成，包括标题栏、菜单栏、工具栏、编辑栏、工作区。理解工作簿、工作表、单元格和单元格区域等基本概念；

2. 熟练掌握 Excel 2003 中文版的基本操作，包括工作簿的创建、打开、保存和关闭，以及工作簿中工作表的插入、删除、复制、移动、重命名等；

3. 灵活掌握数据输入的 3 种方式：即手工输入数据、自动输入数据、有效数据输入。并学会对工作表中的数据进行修改、清除、复制和移动，熟练对单元格、行和列进行插入与删除等操作。

【实验环境】

1. Windows XP 中文版；

2. Excel 中文版。

【实验示例】

新建一个工作簿，在 Sheet1 中输入如图 12.1 所示的内容。

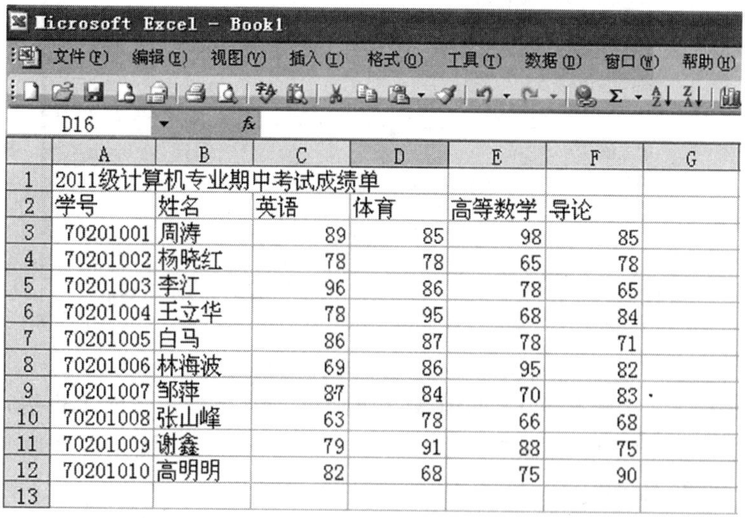

	A	B	C	D	E	F	G
1	2011级计算机专业期中考试成绩单						
2	学号	姓名	英语	体育	高等数学	导论	
3	70201001	周涛	89	85	98	85	
4	70201002	杨晓红	78	78	65	78	
5	70201003	李江	96	86	78	65	
6	70201004	王立华	78	95	68	84	
7	70201005	白马	86	87	78	71	
8	70201006	林海波	69	86	95	82	
9	70201007	邹萍	87	84	70	83	
10	70201008	张山峰	63	78	66	68	
11	70201009	谢鑫	79	91	88	75	
12	70201010	高明明	82	68	75	90	
13							

图 12.1　“2011 级计算机专业期中考试成绩单”工作表

(1)将工作簿中的 Sheet1 重命名为“期中考试成绩单”，删除 Sheet3，然后将 Sheet2 移动到最前面。

(2)在“期中考试成绩单”工作表中，把单元格区域 C3:F12 设置有效性数据，数据范围为 0～100 之间。

(3)在"姓名"和"英语"列之间插入一列,列名为"性别",此列输入的值分别为男、男、女、女、男、女、女、男、男、女。

(4)删除学号为"70201009"学生记录。

(5)将"高明明"的性别修改为男并清除所有成绩。

(6)以"2011级计算机专业期中成绩单"为文件名保存该工作簿在D盘。

操作步骤:

(1)启动 Excel 2003 则自动新建一个工作簿文件。在工作表 Sheet1 的标签上双击,输入"期中考试成绩单",按 Enter 键确定。

(2)选择工作表 Sheet3,然后依次单击菜单栏的"编辑"→"删除工作表"命令。

(3)将鼠标指向工作表 Sheet2 的标签,拖动至工作表"期中考试成绩单"标签前面时,松开左键。

(4)选择数据内容区域 C3:F12,然后依次单击菜单栏中"数据"→"有效性"命令,在弹出的"数据有效性"对话框中选择"设置"选项卡,在"允许"下拉框中选择"整数","数据"下拉框中选择"介于",然后在"最小值"框输入 0,在"最大值"框输入 100,最后单击"确定"按钮,设置结果如图 12.2 所示。

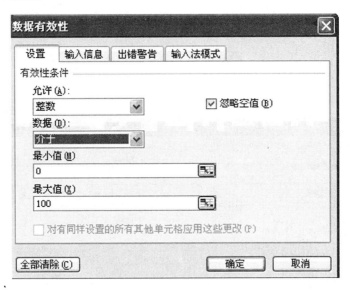

图 12.2 "数据有效性"对话框

(5)在工作表标签区域上单击"期中考试成绩单",使之成为当前工作表,进行编辑。选择 C 列,依次单击菜单栏中"插入"→"列"命令。并在 C2:C12 单元格区域中分别输入"性别、男、男、女、女、男、女、女、男、男、女"。

(6)选择学号为"70201009"所在行,依次单击菜单栏中"编辑"→"删除"命令。

(7)选择姓名为"高明明"的"女"单元格,双击单元格,进行编辑,修改成"男",然后按 Enter 键。

(8)选择数据区域 D12:G12,按 Del 键。

(9)依次单击菜单栏中"文件"→"保存"命令。在弹出的对话框中,单击"保存位置"框右端的下拉按钮,选择 D 盘。在"文件名"框中输入"2011级计算机专业期中成绩单",然后单击“确定”按钮即可。

最后结果如图 12.3 所示。

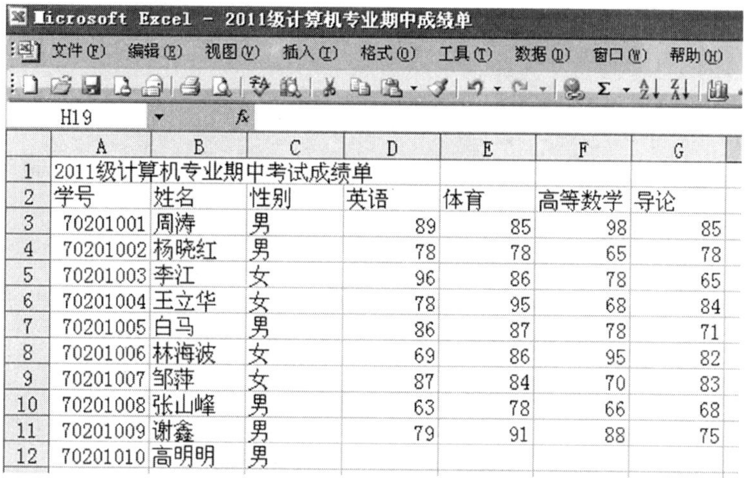

	A	B	C	D	E	F	G
1	2011级计算机专业期中考试成绩单						
2	学号	姓名	性别	英语	体育	高等数学	导论
3	70201001	周涛	男	89	85	98	85
4	70201002	杨晓红	男	78	78	65	78
5	70201003	李江	女	96	86	78	65
6	70201004	王立华	女	78	95	68	84
7	70201005	白马	男	86	87	78	71
8	70201006	林海波	女	69	86	95	82
9	70201007	邹萍	女	87	84	70	83
10	70201008	张山峰	男	63	78	66	68
11	70201009	谢鑫	男	79	91	88	75
12	70201010	高明明	男				

图 12.3 操作后的界面

【实验内容】

新建一个工作簿,命名为“销售报告”,并进行以下操作。

(1)将其工作表 Sheet1、Sheet2、Sheet3 分别重命名为“总表”、“上半年”和“下半年”,以“销售报表”为工作簿文件名保存。

(2)在“总表”工作表中输入如图 12.4 所示的数据。

	A	B	C	D	E	F
1	财务软件价格					
2	项目	单用户	两个工作站	每增一个站	三个工作站	
3	财务处理系统	4950	10000	560	1200	
4	财务报表系统	2850	12000	450	800	
5	财务分析系统	468	11920	780	560	
6	存货核算系统	3650	9800	960	780	
7	销售核算系统	4500	7500	586	600	
8	固定资产核算系统	1200	8500	362	550	
9	工资核算系统	4200	6500	560	890	
10	总计					
11						

图 12.4 Sheet1 工作表

(3)在“总表”工作表的“总计”之前插入一行,输入数据“控制卡,1000,2000,1000,2000”。

(4)将“总表”工作表中单元格区域 A2:A10 中的数据分别复制到“上半年”和“下半年”工作表的单元格区域 A2:A10 中。

(5)第 A 列前插入一列,列名为“序号”,并用自动填充的方式输入“1,2,3,4,5,6,7,8”。在第 D 和 E 列之间插入一列,列名为“再增一个站”,并输入数据“2012,2345,2330,1890,3654,2300,1600,2200”。

(6)删除第 F 列和第 10 行。

实验 13　Excel 2003 公式、函数和图表的使用

【实验目的】

1. 应熟练掌握工作表中公式和常用函数的简单运算；
2. 学会利用"图表向导"创建图表，并掌握对图表格式的基本操作。

【实验环境】

1. Windows XP 中文版；
2. Excel 2003 中文版。

【实验示例】

新建一个工作簿，在 Sheet1 中输入如图 13.1 所示的内容。

	A	B	C	D	E
1	职工购房款计算表				
2	姓名	工龄	住房面积（平方米）	房屋年限	房价款（元）
3	张三	10	43.6	10	
4	李四	22	61	8	
5	王五	31	62.6	8	
6	蒋六	27	52.2	10	
7	赵七	35	45.3	9	
8	袁八	30	52.2	10	
9					

图 13.1　"Sheet1"工作表

（1）根据工作表中数据，计算"姓名"列各位职工的"房价款"。房价款按"1450×住房面积×工龄/房屋年限）"计算，并以单元格格式中小数点后 2 位小数和千位分隔符（如44,886.20）表现。

（2）在"姓名"为"袁八"后增加一行"平均房价款"，在单元格 E9 中用相应的函数求出职工购房的平均房价款，数据也用小数点后 2 位小数和千位分隔符。

（3）绘制各位职工与房价款的簇状柱形图，要求有图例，系列产生在列，图表标题为"职工房价款柱形图"。嵌入在数据表格下方。

（4）以"职工购房款计算表"为文件名保存该工作簿在 D 盘。

操作步骤：

（1）启动 Excel 2003 则自动新建一个工作簿文件。在工作表 Sheet1 输入图 13.1 数据。

（2）在单元格 E3 中输入公式"=1450 * C3 * B3/D3"，然后按 Enter 键即得出公式的结果值。利用自动填充的方法求出 E4:E8 单元格区域的数据。

（3）选中 E3:E8 数据区域，打开快捷菜单栏，单击"设置单元格格式（F）"，打开如图 13.2所示的"单元格格式"对话框，在"数字"选项卡进行设置：分类（C）为"数值"；小数位框输入"2"；勾选"使用千位分隔符"复选框打"√"。

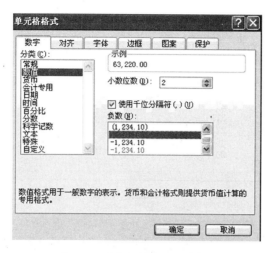

图 13.2　"单元格格式"对话框

　　（4）选择 E9 单元格，单击菜单栏中"插入"→"函数"命令。在"插入函数"对话框中，选择"AVERAGE"函数。在"函数参数"对话框中作出如图 13.3 所示的设置，最后单击"确定"按钮。

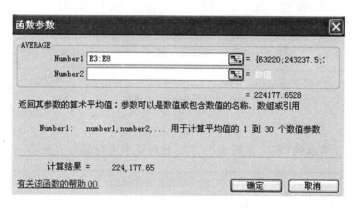

图 13.3　"函数参数"对话框

　　（5）选择数据区域 A2：A8，再按住 Ctrl 键，选择数据区域 E2：E8，然后单击"常用"工具栏中的"图表向导"按钮或单击菜单栏的"插入"→"图表"命令。在"图表类型"列表框中选择"柱形图"，"子图表类型"中选择第一种类型即"簇状柱形图"，然后单击"下一步"按钮。

　　（6）在"图表源数据"对话框之"数据区域"选项卡的"系列产生在"框中选择"列"。单击"下一步"按钮，在弹出的"图表选项"对话框之"标题"选项卡中的"图表标题"框中输入"职工房价款柱形图"。

　　（7）单击"下一步"按钮，在弹出的对话框中，选择"作为其中的对象插入"，单击"完成"按钮，在工作表 Sheet 中将创建一个图表。选中图表可对它进行缩放；拖动图表，放置至合适的位置。

　　（8）依次单击菜单栏中"文件"→"保存"命令。在弹出的对话框中，单击"保存位置"框右端的下拉按钮，选择 D 盘。在"文件名"框中输入"职工购房款计算表"，然后单击"确定"按钮即可。

最后结果如图 13.4 所示。

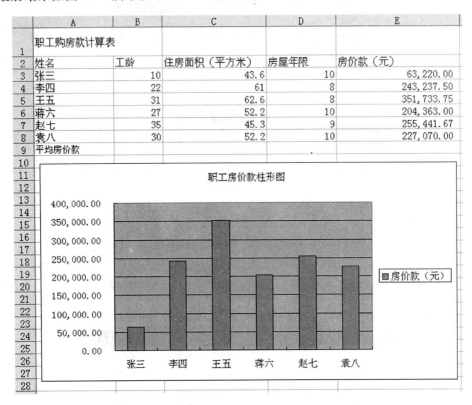

图 13.4　操作后的界面

【实验内容】

建立如图 13.5 所示的"职工工资表",并按下列要求进行操作并保存:

	A	B	C	D	E
1	职工工资表				
2	姓名	销售额	基本工资	提成	实发工资
3	张三	5600	3200		
4	李四	4560	2500		
5	王五	7850	3500		
6	赵六	4560	2800		
7	田七	6500	3600		
8	刘八	3990	2300		
9	合计				
10					
11	平均实发工资:				
12	最高实发工资:				
13					

图 13.5　职工工资表

(1)设置"职工工资表"为标题,黑体 14 号字、垂直居中、水平居中。

(2)设置"姓名"所在行黑体 12 号字、水平居中;"姓名"所在列水平居中。

(3)表格外边框线为双实线,表格内线为细实线;第 9 行与第 10 行之间的表格线为粗底框线、红色;设置第 10 行行高为 20。

(4)设置"基本工资"所在列的数值数据格式为:小数位数 2、使用千位分隔符、负数采用默认。

(5)设置"实发工资"所在列的数值数据格式为:小数位数 2、使用货币符号 ￥、负数采用默认。

(6)设置"实发工资"低于 1000 的单元格添加红色底纹;设置"销售额"所在列的数值数据格式为:小数位数 2、负数采用默认。

(7)销售额超过 5000 的职工按 10% 提成,其他职工按 5% 提成。

(8)计算每个职工的"实发工资"(实发工资＝基本工资＋提成),并将其放在相应单元格中。

(9)计算所有职工的"销售额"、"基本工资"、"提成"和"实发工资"的合计,并分别将其放在"合计"所在行相应的单元格中。

(10)计算所有职工"实发工资"的平均值,并将其放在 B11 单元格;求"实发工资"最高值,结果放在 B12 单元格。

(11)以"姓名"和"实发工资"建立一个簇状柱形图表。

(12)最后以"职工工资表"为工作簿名存于自己的文件夹中。

实验 14　Excel 2003 的页面设置与数据分析

【实验目的】

1.掌握工作表的页面设置操作,包括工作表的缩放比例、纸张大小、方向、页边距、页眉页脚、打印区域、打印标题和打印顺序等基本设置操作;

2.掌握对工作表中的记录进行排序、筛选、分类汇总和透视表的操作,以便更加有效地管理工作簿中的数据。

【实验环境】

1.Windows XP 中文版;

2.Excel 2003。

【实验示例】

新建一个工作簿,在 Sheet1 中输入如图 14.1 所示的内容。

	A	B	C	D	E	F
1			科达公司第一季度销售情况表			
2	序号	科达公司	类别	数量	金额	日期
3	1	总公司	女式连衣裙	8	5500	2012-1-24
4	2	总公司	男式西裤	4	2000	2012-1-5
5	3	一公司	女式套裙	4	3600	2012-2-6
6	4	二公司	休闲装	5	4000	2012-2-7
7	5	总公司	女式连衣裙	8	1000	2012-2-9
8	6	总公司	男式西裤	9	5000	2012-2-9
9	7	一公司	女式套裙	6	6000	2012-2-10
10	8	二公司	男式西裤（含毛量90%）	7	4000	2012-2-21
11	9	总公司	女式连衣裙	1	1200	2012-2-22
12	10	三公司	男式西裤（含毛量80%）	2	4000	2012-2-13
13	11	一公司	女式套裙	4	7000	2012-3-14
14						

图 14.1　"Sheet1"工作表

(1)将页面方向设置为"纵向",设置文档起始页码为"2"。

(2)页边距上、下、左、右各设置为"2.5"。

(3)页眉中文本设置为"科达公司第一季度销售情况表";页脚右设置系统当前日期和时间。

(4)页面打印"行号列标"和"网格线"。

(5)按"金额"进行升序排列,若相同再按"日期"降序排列。

(6)筛选出"科达公司"为"总公司"的所有记录。

(7)按"科达公司"对"金额"进行分类汇总求和。

(8)以"科达公司第一季度销售情况表"为文件名保存该工作簿在 D 盘。

操作步骤:

(1)新建一个工作簿,并输入如图 14.1 所示的内容。

(2)选择菜单栏中"文件"→"页面设置"命令,弹出"页面设置"对话框,如图 14.2 所示,在"页面"选项卡中,方向为默认纵向,将起始页码设置为"2"。

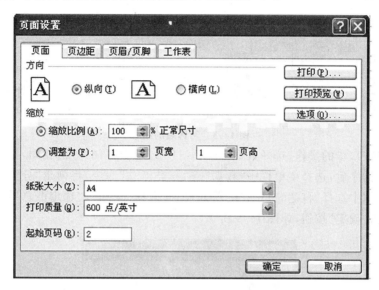

图 14.2 "页面设置"对话框

(3) 单击"页边距"选项卡,将上、下、左、右页边距都设置为"2.5"。

(4) 单击"页眉/页脚"选项卡,然后单击"自定义页眉",将弹出如图 14.3 所示的对话框,在中间文本框中输入:"科达公司第一季度销售情况表";用相同的方法自定义设置页脚。

图 14.3 "页眉"对话框

(5)单击"工作表"选项卡,在"打印"组框中选择"网格线"和"行号列标"复选框。然后单击"确定"按钮。

(6)选择数据区域 A2:F13。然后选择菜单栏中"数据"→"排序"命令,在弹出的"排序"对话框中,将"主要关键字"设置为"金额",排序方式设置为"升序";将"次要关键字"设置为"日期",排序方式设置为"降序",最后单击"确定"按钮。如图 14.4 所示。

(7)选择数据区域 A2:F13,选择菜单栏中"数据"→"筛选"→"自动筛选"命令,则第 2 行的每个列表题单元格的右下角有一个实心的"倒三角",在列名为"科达公司"的倒三角中选择"总公司",则筛选的结果是"总公

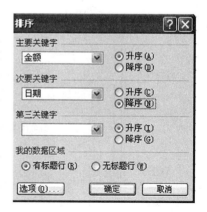

图 14.4 "排序"对话框

司"的所有记录,结果如图 14.5 所示。

	A	B	C	D	E	F
1			科达公司第一季度销售情况表			
2	序号 ▼	科达公司 ▼	类别 ▼	数量 ▼	金额 ▼	日期 ▼
3	5	总公司	女式连衣裙	8	1000	2012-2-8
4	9	总公司	女式连衣裙	1	1200	2012-2-22
5	2	总公司	男式西裤	4	2000	2012-1-5
10	6	总公司	男式西裤	9	5000	2012-2-9
11	1	总公司	女式连衣裙	8	5500	2012-1-24
14						

图 14.5　筛选后的结果

(8)还原第(7)步的操作,选择数据区域 A2:F13,同步骤(6)方法相同,对"科达公司"按笔画进行升序排序后,选择菜单栏中"数据"→"分类汇总"命令,将弹出"分类汇总"对话框,在"分类字段"框中选择"科达公司";"汇总方式"框选择"求和";"选定汇总项"框中选择"金额"。然后单击"确定"按钮,如图 14.6 所示。

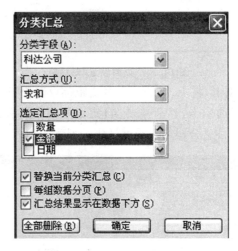

图 14.6　"分类汇总"对话框

(9)依次单击菜单栏中"文件"→"保存"命令。在弹出的对话框中,单击"保存位置"框右端的下拉按钮,选择 D 盘。在"文件名"框中输入"科达公司第一季度销售情况表",然后单击"确定"按钮即可。最后的操作结果如图 14.7 所示。

	A	B	C	D	E	F
1			科达公司第一季度销售情况表			
2	序号	科达公司	类别	数量	金额	日期
3	11	一公司	女式套裙	4	7000	2012-3-14
4	7	一公司	女式套裙	6	6000	2012-2-10
5	3	一公司	女式套裙	4	3600	2012-2-6
6		一公司 汇总			16600	
7	8	二公司	男式西裤（含毛量90%）	7	4000	2012-2-21
8	4	二公司	休闲装	5	4000	2012-2-7
9		二公司 汇总			8000	
10	10	三公司	男式西裤（含毛量80%）	2	4000	2012-2-13
11		三公司 汇总			4000	
12	9	总公司	女式连衣裙	1	1200	2012-2-22
13	6	总公司	男式西裤	9	5000	2012-2-9
14	5	总公司	女式连衣裙	8	1000	2012-2-8
15	2	总公司	男式西裤	4	2000	2012-1-5
16	1	总公司	女式连衣裙	8	5500	2012-1-24
17		总公司 汇总			14700	
18		总计			43300	

图 14.7　操作后的界面

【实验内容】

新建工作簿文件"杀毒软件销售记录表",工作表中输入如图 14.8 所示数据,进行以下操作并保存:

	A	B	C	D	E	F	G
1			杀毒软件销售记录表				
2	门市	周次	星期	品牌	销售量	单价	金额（元）
3	门市一	1	一	KV	23	￥199.00	
4	门市一	1	一	金山	21	￥79.00	
5	门市一	1	一	瑞星	11	￥198.00	
6	门市一	1	二	KV	45	￥199.00	
7	门市一	1	二	金山	34	￥79.00	
8	门市一	1	二	瑞星	21	￥198.00	
9	门市一	1	三	KV	23	￥199.00	
10	门市一	1	三	金山	56	￥79.00	
11	门市一	1	三	瑞星	45	￥198.00	
12	门市一	1	四	KV	33	￥199.00	
13	门市一	1	四	金山	34	￥79.00	
14	门市一	1	四	瑞星	14	￥198.00	
15	门市一	1	五	KV	8	￥199.00	
16	门市一	1	五	金山	12	￥79.00	
17	门市一	1	五	瑞星	18	￥198.00	
18	门市一	1	六	KV	12	￥199.00	
19	门市一	1	六	金山	23	￥79.00	
20	门市一	1	六	瑞星	21	￥198.00	
21	门市一	1	日	KV	12	￥199.00	
22	门市一	1	日	金山	28	￥79.00	
23	门市一	1	日	瑞星	12	￥198.00	
24							

图 14.8 杀毒软件销售记录表

(1)将单元格 A1:G1 合并,将标题"杀毒软件销售记录表"所在行的行高设置为 30,并将标题文字设置为黑体、字号设为 16,垂直和水平居中。

(2)用公式计算"金额"(金额＝销售量×单价),并填入相应单元格,保留两位小数。

(3)将表格区域(A2:G23)加上蓝色细实线内边框和红色双线外边框。

(4)在工作表 Sheet1 中利用分类汇总功能,以"品牌"为分类字段,对"销售量"进行求和汇总。

(5)将页面方向设置为"横向",设置文档起始页码为"1"。

(6)页边距上、下、左、右各设置为"3"。

(7)页眉中文本设置为"杀毒软件销售记录表"。

(8)以"杀毒软件销售记录表"为文件名保存该工作簿在 D 盘。

实验 15 Excel 2003 操作题

【实验目的】

Excel 2003 中的一些操作题的操作方法，是 Excel 2003 知识的重要内容之一，同时也是全国和省级计算机等级考试笔试中的必考内容，每个学生都应该熟练、正确地掌握。

【实验环境】

1. Windows XP 中文版；

2. Excel 2003 中文版。

【实验方法】

规定学生在 2 节课时间内按时完成以下操作题，并由任课老师进行辅导，重点要求学生掌握做这些操作题的基本方法。老师把题目放在计算机上，学生利用“网上邻居”功能，复制到学生自己操作的计算机上。

【实验内容】

Excel 2003 实验操作试题

一、第 1 套操作题目

新建一个工作簿，取名为“练习”，将 Sheet1 改名为“销售表”，输入如图 15.1 所示内容，完成以下操作并保存：

	A	B	C	D	E	F	G	H	I	J	K
1	销售表										
2	月份	货物A			货物A			货物A			月销售额
3		单价	数量	金额	单价	数量	金额	单价	数量	金额	
4	1	200	10		400	10		100	40		
5	2										
6	3										
7	4										
8	5										
9	6										
10	7										
11	8										
12	9										
13	10										
14	11										
15	12										
16	合计										

图 15.1 “销售表”工作簿

(1)“货物 A”的“数量”以 10 为起点，按步长为 5 自动填充等差序列；“货物 B”的“数量”以 10 为起点，按步长为 2 自动填充等比序列；“货物 C”的“数量”以 40 为起点，重复填充数据。

(2)货物 A、货物 B、货物 C 的金额＝单价×数量，利用公式复制实现数据填充。

(3)分别对货物 A、货物 B、货物 C 的“数量”、“金额”和“月销售额”进行求和，并把结果填写在“合计”一栏对应的单元格中。

(4)分别计算货物 A、货物 B、货物 C 的“单价”平均值，并把结果填写在“合计”一栏对应的单元格中。

(5)把工作簿以“练习”为文件名保存在 D 盘。

二、第 2 套操作题目

新建一个工作簿,取名为"×××差旅费一览表",将 Sheet1 输入如图 15.2 所示内容,完成以下操作并保存:

	A	B	C	D	E
1		×××差旅费一览表			
2	到达地点	交通费	住宿费	补助	合计
3	北京-上海	650	212	120	
4	北京-甘肃	1200		600	
5	北京-四川	1100	132	300	
6	北京-哈尔滨	880	225.5	350	
7					

图 15.2 "×××差旅费一览表"工作簿

(1)标题设置隶书,字号 20,加粗。

(2)设置数据区域 A2:E2 底纹为红色。

(3)根据工作表中数据,在 C4 单元格内键入数据"320",B 列到 E 列所有数字都以单元格格式中货币类的"￥"货币符号、小数点后 2 位小数、使用千位分隔符表现(如:￥1,100.00)。

(4)用函数求合计列的数据结果。

(5)将所有数据复制到工作表 Sheet2 的相应单元格,并以"合计"为关键字,递增排序,最后以"×××差旅费一览表"为文件名存在 D 盘。

三、第 3 套操作题目

新建一个工作簿,取名为"宏远服装公司销售情况表",将 Sheet1 输入如图 15.3 所示内容,完成以下操作并保存:

	日期	名称	店面	销售员	数量	单价	金额
1			宏远服装公司销售情况表				
2	日期	名称	店面	销售员	数量	单价	金额
3	2011-2-2	毛衣	总店	张三	6	200	
4	2011-2-12	衬衫	总店	张三	5	201	
5	2011-3-5	围巾	二分店	王五	2	202	
6	2011-3-6	裙子	总店	周六	4	203	
7	2011-3-7	毛衣	总店	张三	1	204	
8	2011-3-8	衬衫	二分店	李四	8	205	
9	2011-3-9	围巾	总店	王五	5	206	
10	2011-3-10	裙子	一分店	周六	9	207	
11	2011-3-11	毛衣	二分店	张三	6	208	
12	2011-3-12	衬衫	一分店	李四	9	209	
13	2011-3-13	围巾	总店	王五	4	210	
14	2011-3-14	裙子	二分店	周六	5	211	
15	2011-3-15	毛衣	总店	张三	21	200	
16	2011-3-16	衬衫	一分店	李四	1	213	
17	2011-3-17	围巾	二分店	王五	5	214	
18	2011-3-18	裙子	总店	周六	2	215	
19	2011-3-19	毛衣	一分店	张三	4	216	
20	2011-3-20	衬衫	二分店	李四	5	217	
21	2011-3-21	围巾	总店	王五	8	218	
22	2011-3-22	裙子	一分店	周六	7	219	
23	2011-3-23	毛衣	二分店	张三	8	220	
24							

图 15.3 "宏远服装公司销售情况表"工作簿

(1)求"金额"列中的金额值,采用公式"金额＝数量×金额"计算。

(2)将"单价"和"金额"栏中的数据设置为货币样式,并将列宽设定为30。

(3)将 A2:G2 单元格中的数据设置为红色、黑体、24 号,填充为蓝色。

(4)按"名称"列商品的拼音字母顺序进行降序排列。

(5)用分类汇总分别求出 2 月、3 月的销售总数量和总金额。

(6)把工作簿以"宏远服装公司销售情况表"为文件名保存在 D 盘。

四、第 4 套操作题目

新建一个工作簿,取名为"校园歌手大赛",将 Sheet1 输入如图 15.4 所示内容,完成以下操作并保存:

	校园歌手大赛							
1								
2	歌手编号	1号评委	2号评委	3号评委	4号评委	5号评委	6号评委	平均得分	排名
3	1	9.80	9.50	9.00	9.20	9.10	9.30		
4	2	9.00	9.20	9.20	9.20	9.20	9.20		
5	3	8.00	8.50	8.10	9.20	8.80	8.50		
6	4	9.70	9.60	9.70	9.60	9.60	9.60		
7	5	9.60	9.60	9.60	9.60	9.60	9.60		
8	6	8.90	8.50	9.00	8.50	8.50	8.50		
9	7	7.90	8.40	8.40	8.50	8.20	7.90		
10	8	8.50	7.90	8.60	8.80	7.90	8.90		
11	9	9.30	9.00	9.20	9.30	9.70	9.20		
12	10	8.70	9.10	9.30	8.80	9.00	8.70		
13	11	9.30	8.60	9.20	9.30	9.10	9.30		
14	12	9.40	8.90	9.40	9.50	9.60	9.70		

图 15.4 "校园歌手大赛"工作簿

(1)将 Sheet1 重命名为"得分统计表"。

(2)将歌手编号用 001、002、…、010 来表示,并居中。

(3)求出每位选手的平均得分(保留两位小数),并将结果填入相应单元格(H3:H14 区域)。

(4)按得分从高到低,将各个歌手的所有信息排序,并将名次填入相应单元格(I3:I14 区域)。

(5)对"歌手编号"和"平均得分"建立柱形图表,图表标题为"校园歌手得分统计表"。

(6)把工作簿以"校园歌手大赛"为文件名保存在 D 盘。

五、第 5 套操作题目

新建一个工作簿,取名为"成绩表",将 Sheet1 输入如图 15.5 所示内容,完成以下操作并保存:

	A	B	C	D	E	F
1	学号	姓名	英语	C语言	数学	写作
2	001	张一	78	66	78	89
3		王二	96	87	85	69
4		李三	85	86	68	78
5		刘四	74	75	79	92
6		林五	65	92	84	86
7		邹六	86	69	69	75
8		吴七	68	88	95	76
9		陈八	87	96	98	94
10		罗九	86	90	89	90
11		谢十	90	85	86	91

图 15.5 "成绩表"工作簿

(1)运用自动填充功能完成序号的填充。

(2)对"成绩表"增加两列分别求出每个学生的"总分"和"平均分",增加一行求出每种题型的"平均分"。

(3)对"成绩表"按照总分的递减方式重新排列表格中的数据(每种题型的平均分那一行不参与此次排序),将按照总分排序的前三名同学的内容整体设置为红色。

(4)对"成绩表"增加一列"是否通过",如果该学生的总分≥250,就填写"通过",否则填写"补考"。

(5)对"成绩表"的数据清单上方加个标题"班级成绩单",字体为"楷体",加粗,22号字,并居于数据清单中间。

(6)对"成绩表"执行"筛选"命令,筛选出考试"通过"的学生,并将筛选结果显示到表"Sheet2"中。

(7)对"成绩表"数据清单中的每一个单元格加上黑色细边框,然后对第一行和最后一行加粗黑色下画边框线。

(8)根据"成绩单"中"每种题型的平均分"来创建一个"柱形图",显示在"成绩单"下方,要求以"英语 编程 数学 体育"作为"图例项",图例位于图表底部。

(9)把工作簿以"成绩表"为文件名保存在D盘。

实验 16　Excel 2003 知识练习

【实验目的】
掌握本章的基础知识,习惯在计算机上做习题的方法,为今后各种考核做准备。

【实验目的】
1. Windows XP 中文版;
2. Excel 2003 中文版。

【实验方法】
把老师给的 Excel 2003 知识试题的 Word 文档复制到自己工作的计算机上,打开该文档,仔细阅读每道题目,把每题的正确答案填写到该题目中的括号中。做完后保存好自己的文档(最好用自带的 U 盘保存),堂课最后 10 分钟再与老师给的参考答案核对,修改后保存。

【实验内容】

Excel 2003 知识习题试题

单选题

1. 在默认情况下,Excel 2003 的窗口包含(　　　)。
   A. 标题栏、工具栏、标尺　　　　　　　　B. 菜单栏、工具栏、标尺
   C. 编辑栏、标题栏、菜单栏　　　　　　　D. 菜单栏、状态区、标尺

2. 下面(　　　)菜单是 Word 2003 和 Excel 2003 都有的。
   A. 文件、编辑、视图、工具、数据　　　　B. 文件、视图、格式、表格、数据
   C. 插入、视图、格式、表格、数据　　　　D. 文件、编辑、视图、格式、工具

3. 如果 B2、B3、B4、B5 单元格的内容分别为 4、2、5、＝B2 * B3－B4,则 B2、B3、B4、B5 单元格实际显示的内容分别是(　　　)。
   A. 4、2、5、3　　　　B. 4、2、5、2　　　　C. 5、4、3、2　　　　D. 2、3、4、5

4. 如果单元格 D2 的值为 6,则函数＝IF(D2＞8, D2/2, D2 * 2)的结果为(　　　)。
   A. 12　　　　　　　　B. 3　　　　　　　　C. 8　　　　　　　　D. 6

5. 在 Excel 2003 的打印页面中,增加页眉和页脚的操作是(　　　)。
   A. 执行"文件"菜单中的"页面设置",选择"页面"
   B. 执行"插入"菜单中的"名称",选择"页眉/页脚"
   C. 执行"文件"菜单中的"页面设置",选择"页眉/页脚"
   D. 只能在打印预览中设置

6. 在 Excel 2003 的工作表中,每个单元格都有固定的地址,如"A5"表示(　　　)。
   A. "A"代表 A 行,"5"代表第 5 列　　　　B. "A"代表 A 列,"5"代表第 5 行
   C. "A5"代表单元格的数据　　　　　　　D. 以上都不是

7. 在 Excel 2003 中,默认的工作簿文件保存格式是( )。

A. Microsoft Excel 5.0/95 工作簿

B. HTML 格式

C. Microsoft Excel 工作簿

D. Microsoft Excel 97&95 工作簿

8. 默认情况下,Excel 2003 中工作簿文档窗口的标题为 Book1,其中一个工作簿中有 3 个工作表,当前工作表为( )。

A. 工作表 1   B. Sheet1   C. Sheet   D. 工作表

9. 在 Excel 2003 中可创建多个工作表,每个表有多行多列组成,它的最小单位是( )。

A. 单元格   B. 工作簿   C. 工作表   D. 字符

10. Excel 2003 的工作表中输入数据结束时,要确认输入数据,按回车键、Tab 键或单击编辑栏的( )按钮均可。

A. ×   B. Esc   C. √   D. Tab

11. Excel 2003 的工作表中输入数据结束时,要取消输入数据,可按 Esc 键或单击编辑栏的( )按钮。

A. Esc   B. ×   C. √   D. Tab

12. 在表示同一工作簿内的不同单元格时,工作表名与单元格之间应使用( )号连接。

A. (B. | C. ;   D. !

13. Excel 2003 的工作表中,若要对一个区域中的各行数据求和,应使用( )函数,或选用工具栏的 Σ 按钮进行运算。

A. average   B. sun   C. sin   D. sum

14. 在 Excel 2003 的工作表中,若在行号和列号前加 $ 符号,代表绝对引用,绝对引用工作表 Sheet2 的从 A2 到 C5 区域的公式为( )。

A. Sheet2!A2:C5   B. Sheet2!$A2:$C5

C. Sheet2!$A$2:$C$5   D. Sheet2!$A2:C5

15. 当用户输入数据时,Excel 2003 应用程序窗口最下面的状态行显示( )。

A. 编辑   B. 指针   C. 检查拼写   D. 输入

16. 如果在工作簿中既有一般工作表又有图表,当执行"文件"菜单的"保存"命令时,Excel 2003 将( )。

A. 把一般工作表和图表分别保存到两个文件中

B. 只保存其中的图表

C. 只保存其中的工作表

D. 把一般工作表和图表保存到一个文件中

17. 在 Excel 2003 中,创建图表的方式可使用( )。

A. 插入对象   B. 模板   C. 图表导向   D. 图文框

18. 以下各类函数中,不属于 Excel 2003 函数的是( )。

A. 统计   B. 类型转换   C. 财务   D. 数据库

19. 在 Excel 2003 中,有关分页符的说法正确的是(   )。

    A. 可通过插入水平分页符来改变页面数据行的数量

    B. 只能在工作表中加入水平分页符

    C. Excel 会按纸张的大小、页边距的设置和打印比例的设定自动插入分页符

    D. 可通过插入垂直分页符来改变页面数据列的数量

20. 在 Excel 2003 中,图表中的(   )会随着工作表中数据的改变而发生相应的变化。

    A. 系列数据的值   B. 图例   C. 图表类型   D. 图表位置

21. 在工作表 Sheet1 中,若 A1 为"20",B1 为"40",A2 为"15",B2 为"30",在 C1 输入公式
    "＝A1＋B1",将公式从 C1 复制到 C2,再将公式复制到 D2,则 D2 的值为(   )。

    A. 35   B. 75   C. 90   D. 45

22. 在 Excel 2003 中,如果需要引用同一工作簿的其他工作表的单元格或区域,则在工作表
    名与单元格(区域)引用之间用(   )分开。

    A. "＄"   B. "!"   C. "&"   D. ":"

23. 在 Excel 2003 编辑时,清除命令针对的对象是数据,数据清除后,单元格本身(   )。

    A. 向下移动   B. 仍留在原位置   C. 向上移动   D. 向右移动

24. 在 Excel 2003 编辑时,删除命令针对的对象是单元格,删除后,单元格本身(   )。

    A. 向右移动   B. 仍留在原位置   C. 向下移动   D. 被填充

25. 在 Excel 2003 编辑时,若删除数据选择的区域是"整行",则删除后,该行(   )。

    A. 被下方行填充   B. 被上方行填充

    C. 被移动   D. 仍留在原位置

26. 在 Excel 2003 编辑时,若删除数据选择的区域是"整列",则删除后,该列(   )。

    A. 被左侧列填充   B. 仍留在原位置

    C. 被右侧列填充   D. 被动

27. 在 Excel 2003 中,如果删除数据选定的区域是若干整行或若干整列,则删除时将(   )"删
    除"对话框。

    A. 一定出现   B. 不出现   C. 不一定出现   D. 出现

28. 在 Excel 2003 中,如果要删除整个工作表,正确的操作步骤是(   )。

    A. 选中要删除工作表的标签,再按 Del 键

    B. 选中要删除工作表的标签,按住 Shift 键,再按 Del 键

    C. 选中要删除工作表的标签,按住 Ctrl 键,再按 Del 键

    D. 选中要删除工作表的标签,再选择"编辑"菜单中"删除工作表"命令

29. Excel 2003 中,如果要选取多个连续的工作表,可单击第一个工作表标签,然后按住(   )
    键并单击最后一个工作表标签。

    A. Ctrl   B. Shift   C. Alt   D. Tab

30. Excel 2003 中,如果要选取多个非连续的工作表,则可通过按(   )键单击工作表标签
    选取。

    A. Ctrl   B. Shift   C. Alt   D. Tab

31. Excel 2003 中,如果在多个选中的工作表(工作表组)中的一个工作表任意单元格输入数据或设置格式,则在工作表组其他工作表的相同单元格出现（　　）数据或格式。
　　A. 不同的　　　　　　　　　　　　B. 相同的
　　C. 不一定相同的　　　　　　　　　D. 不一定不同的

32. Excel 2003 中,如果工作表被删除,则（　　）用"常用"工具栏的"撤销"按钮恢复。
　　A. 可以　　　　B. 不可以　　　　C. 不一定可以　　　　D. 不一定不可以

33. Excel 2003 中,如果移动或复制了工作表,则（　　）用"常用"工具栏的"撤销"按钮取消操作。
　　A. 不一定可以　　　B. 可以　　　　C. 不可以　　　　D. 不一定不可以

34. 作表的冻结是指将工作表窗口的（　　）固定住,不随滚动条而移动。
　　A. 任选行或列　　B. 任选行　　　C. 任选列　　　D. 上部或左部

35. 默认的情况下,Excel 2003 自定义单元格格式使用的是"通用格式",文本数据（　　）。
　　A. 右对齐　　　　B. 居中　　　　C. 左对齐　　　　D. 空一格左对齐

36. 默认的情况下,Excel 2003 自定义单元格格式使用的是"通用格式",公式以（　　）显示。
　　A."＝公式"方式　　B. 表达式方式　　C. 值方式　　　D. 全0或全空格

37. Excel 2003 增加了"条件格式"功能,用于对选定区域各单元格中的数值是否在指定范围内动态地为单元格自动设置格式,"条件格式"对话框提供最多（　　）个条件表达式。
　　A. 2　　　　　　B. 3　　　　　　C. 4　　　　　　D. 5

38. 某单元格数值格式设置为"＃,＃＃0.00",其含义是（　　）。
　　A. 整数 4 位,千位加分节符,保留 2 位小数
　　B. 整数 4 位,保留 2 位小数
　　C. 整数 4 位,小数 2 位
　　D. 整数 1 位,小数 2 位

39. Excel 2003 中文版有 4 种数据类型,分别是（　　）。
　　A. 文本、数值(含日期)、逻辑、出错值
　　B. 文本、数值(含日期时间)、逻辑、出错值
　　C. 文本、数值(含时间)、逻辑、出错值
　　D. 文本、数值(含日期时间)、逻辑、公式

40. Excel 2003 中,某些数据的输入和显示是不一定完全相同的,当需要计算时,一律以（　　）为准。
　　A. 平均值　　　　B. 输入值　　　　C. 显示值　　　　D. 误差值

41. 工作表中,如果选择了输入有公式的单元格,则单元格显示（　　）。
　　A. 公式　　　　　B. 公式的结果　　C. 公式和结果　　D. 空白

42. 工作表中,如果选择了输入有公式的单元格,则编辑栏显示（　　）。
　　A. 公式　　　　　B. 公式的结果　　C. 公式和结果　　D. 空白

43. 工作表中,如果双击输入有公式的单元格或先选择该单元格再按 F2 键,则单元格显示（　　）。
　　A. 公式的结果　　B. 空白　　　　　C. 公式和结果　　D. 公式

44. 工作表中,如果双击输入有公式的单元格或先选择该单元格再按 F2 键,则编辑栏显示( )。

    A. 空白   B. 公式   C. 公式和结果   D. 公式的结果

45. 工作表中,将单元格上一步输入确认的公式取消的操作( )用常用工具栏的"撤销"按钮。

    A. 不可以   B. 可以   C. 不一定可以   D. 出错

46. 如果对单元格使用了公式而引用单元格数据发生变化时,Excel 能自动对相关的公式重新进行计算,借以保证数据的( )。

    A. 可靠性   B. 一致性   C. 相关性   D. 保密性

47. 如果在单元格输入数据"12,345.67",Excel 2003 将把它识别为( )数据。

    A. 文本型   B. 公式   C. 数值型   D. 日期时间型

48. 如果在单元格输入数据"2002-3-15",Excel 2003 将把它识别为( )数据。

    A. 文本型   B. 日期时间型   C. 公式   D. 数值型

49. 如果在单元格输入数据"=22",Excel 2003 将把它识别为( )数据。

    A. 日期时间型   B. 数值型   C. 公式   D. 文本型

50. 单元格键入数据或公式后,如果单击按钮"√",则相当于按( )键。

    A. Del   B. Esc   C. Enter   D. Shift

51. 单元格键入数据或公式后,如果单击按钮"√",则活动单元格会( )。

    A. 保持不变   B. 向下移动一格

    C. 向上移动一格   D. 向右移动一格

52. Excel 2003 的单元格名称相当于程序语言设计中的变量,可以加以引用。引用分为相对引用和绝对引用,一般情况为相对引用,实现绝对引用需要在列名或行号前插入符号( )。

    A. "!"   B. "&"   C. "$"   D. ":"

53. 如果在 A1、B1 和 C1 3 个单元格分别输入数据 1、2 和 3,再选择单元格 D4,然后单击常用工具栏中的按钮"∑",则在单元格 D1 显示( )。

    A. =SUM(A1:C1)   B. =TOTAL(A1:C1)

    C. =AVERAGE(A1:C1)   D. =COUNT(A1:C1)

54. Excel 2003 中可以创建嵌入式图表,它和创建图表的数据源放置在( )工作表中。

    A. 相邻的   B. 同一张   C. 不同的   D. 另一工作簿的

55. Excel 2003 数据列表的应用中,分类汇总适合于按( )字段进行分类。

    A. 三个   B. 一个   C. 两个   D. 多个

56. Excel 2003 数据列表的应用中,( )字段进行汇总。

    A. 只能对多个   B. 只能对两个

    C. 可对一个或多个   D. 只能对一个

57. Excel 2003 中的"引用"可以是单元格或单元格区域,引用所代表的内容是( )。

    A. 数值   B. 文字   C. 逻辑值   D. 以上值都可以

58. Excel 2003 中,加上填充色是指( )。

    A. 不是指颜色   B. 单元格中字体的颜色

    C. 单元格边框的颜色   D. 单元格区域中的颜色

59. Excel 2003 中,用户可以设置输入数据的有效性,共"设置"选项卡可设置数据输入提示信息和输入错误提示信息,其作用是限定输入数据的(   )。

    A. 类型和范围   B. 小数的有效位

    C. 范围   D. 类型

60. 在工作表中,区域是指连续的单元格,一般用(   )标记。

    A. 行标:列标   B. 左上角单元格名:右上角单元格名

    C. 单元格:单元格   D. 左单元格名:右单元格名

61. Excel 2003 中使用公式,当多个运算符出现在公式中时,由高到低各运算符的优先级是(   )。

    A. 括号、%、^、乘除、加减、比较符、&

    B. 括号、^、%、乘除、加减、比较符、&

    C. 括号、^、%、乘除、加减、&、比较符

    D. 括号、%、^、乘除、加减、&、比较符

62. 在 Excel 2003 中使用公式,当多个运算符出现在公式中时,如果运算的优先级相同,则按(   )的顺序运算。

    A. 从左到右   B. 从后到前   C. 从右到左   D. 从前到后

63. 在 Excel 2003 中,正确地选定数据区域是能否创建图表的关键,若选定的区域有文字,则文字应在区域的(   )。

    A. 最左列或最下行   B. 最左列或最上行

    C. 最右列或最上行   D. 最右列或最下行

64. 工作表中创建图表时,若选定的区域有文字,则文字一般作为(   )。

    A. 图表中图的数据   B. 说明图表中数据的含义

    C. 图表的标题   D. 图表中行或列的坐标

65. 使用"自动填充"方法输入数据时,若在 A1 输入 2,A2 输入 4,然后选中 A1:A2 区域,再拖动填充柄至 F2,则 A1:F2 区域内各单元格填充的数据是(   )。

    A. A1:F1 为 2,A2:F2 为 4   B. 全 0

    C. 全 2   D. 全 4

66. 使用"自动填充"方法输入数据时,若在 A1 输入 2,然后选中 A1,再拖动填充柄至 A10,则 A1:A10 区域内各单元格填充的数据为(   )。

    A. 2,3,4,…,11   B. 全 0

    C. 全 1   D. 全 2

67. Excel 2003 中的公式是用于按照特定顺序进行数据计算并输入数据的,它的最前面是(   )。

    A. "="号   B. ":"号   C. "!"号   D. "$"号

68. 在工作表 Sheet1 中,若 A1 为"20",B1 为"40",在 C1 输入公式"=A1+B1",则 C1 的值为(   )。

    A. 35   B. 45   C. 60   D. 70

69. 在工作表 Sheet1 中,若 A1 为"20",B1 为"40",A2 为"15",B2 为"30",在 C1 输入公式"=A1+B1",将公式从 C1 复制到 C2,则 C2 的值为(   )。

    A. 35　　　　　　B. 45　　　　　　C. 60　　　　　　D. 70

70. 在工作表 Sheet1 中,若 A1 为"20",B1 为"40",A2 为"15",B2 为"30",在 C1 输入公式"=A1+B1",将公式从 C1 复制到 C2,再将公式复制到 D2,则 D2 的值为(   )。

    A. 35　　　　　　B. 45　　　　　　C. 75　　　　　　D. 90

71. 在工作表 Sheet1 中,若 A1 为"20",B1 为"40",在 C1 输入公式"=＄A1+B＄1",则 C1 的值为(   )。

    A. 45　　　　　　B. 55　　　　　　C. 60　　　　　　D. 75

72. 在工作表 Sheet1 中,若 A1 为"20",B1 为"40",A2 为"15",B2 为"30",在 C1 输入公式"=＄A1+B＄1",将公式从 C1 复制到 C2,则 C2 的值为(   )。

    A. 45　　　　　　B. 55　　　　　　C. 60　　　　　　D. 75

73. 在工作表 Sheet1 中,若 A1 为"20",B1 为"40",A2 为"15",B2 为"30",在 C1 输入公式"=＄A1+B＄1",将公式从 C1 复制到 C2 再将公式复制到 D2,则 D2 的值为(   )。

    A. 45　　　　　　B. 55　　　　　　C. 60　　　　　　D. 75

74. 在工作表 Sheet1 中,若在 C3 输入公式"=＄A3+B＄3",然后将公式从 C3 复制到 C4,则 C4 中的公式为(   )。

    A. =＄A4+B＄3　　B. =A4+B4　　　C. =＄A4+C＄3　　D. =＄A3+B＄3

75. 在工作表 Sheet1 中,若在 C3 输入公式"=＄A3+B＄3",然后将公式从 C3 复制到 C4,再将公式复制到 D4,则 D4 中的公式为(   )。

    A. =＄A4+B＄3　　B. =C4+B4　　　C. =＄A4+C＄3　　D. =＄A3+B＄3

76. 删除单元格是将单元格从工作表上完全移去,并移动相邻的单元格来填充空格,若对已经删除的单元格进行过引用,将导致出错,显示的出错信息是(   )。

    A. ＃VALUE!　　B. ＃REF!　　　C. ＃ERROR!　　D. ＃＃＃＃＃

77. Excel 2003 的工作表名可以更改,它最多可含(   )个字符。

    A. 30　　　　　　B. 31　　　　　　C. 32　　　　　　D. 33

78. 更名后的 Excel 2003 工作表名可包括汉字、空格和 ASCII 字符(   )等在内。

    A. "—"、"_"　　　　　　　　　B. 括号、逗号

    C. 斜杠、反斜杠　　　　　　　　D. 问号、星号

实验 17　PowerPoint 2003 的基本操作

【实验目的】

1. 掌握 PowerPoint 的基本操作,学习利用"内容提示向导"建立演示文稿和创建空白演示文稿,熟练演示文稿的打开和保存等操作;

2. 学会演示文稿中幻灯片的复制、剪切、删除和插入等操作的常用方法;

3. 掌握幻灯片的修改和编辑;

4. 熟练掌握演示文稿的格式化设置和对象添加的常用操作方法。

【实验环境】

1. Windows XP 中文版;

2. PowerPoint 2003。

【实验示例】

新建一个演示文稿,完成以下操作并保存:

(1)新建一张幻灯片,使用标题版式,在标题区中输入"江西远程教育集团",字体设置为黑体,加粗,60 磅,颜色 RGB 分别为 255,0,0;在副标题中输入"江西电视大学",字体设置为隶书,加粗,40 磅,颜色为绿色。

(2)插入第 2 张幻灯片,版式为"标题和文本"的新幻灯片,标题内容为"部门信息";项目分别为"计算机系"、"信息与工程系"、"自动化系";背景预设颜色为"雨后初晴",底纹样式"斜上"。

(3)插入第 3 张幻灯片,版式为"标题,文本与剪贴画"的新幻灯片,标题内容为"计算机系课程介绍"。文本内容分别为"计算机导论"、"C 语言程序设计"、"高等数学",并将项目符号改为∽。插入剪贴画:BOOK。幻灯片背景颜色 RGB 分别为红色 204、绿色 236、蓝色 255。

(4)插入第 4 张幻灯片,版式为"垂直排列标题与文本"的新幻灯片,标题内容为:"软件工程专业"。文本分别为"数据结构"、"计算机网络"、"C＋＋编程技术",去除项目符号。背景纹理设置为"水滴"。

(5)所有幻灯片的幻灯片设计使用 WATERMARK. POT。

(6)插入第 5 张幻灯片,版式为"空白"的新幻灯片,在幻灯片中插入艺术字(第 2 行第 1 列)"结束",设置艺术字的高为 5 厘米,宽为 7 厘米。字体颜色为蓝色。幻灯片配色方案:背景改为 RGB 分别为红色 252、绿色 242、蓝色 48。

(7)把演示文稿以"实验 17"文件名保存在 D 盘。

操作步骤:

(1)单击"插入"菜单→"新幻灯片",在右边出现的"幻灯片版式"面板中选择"标题幻灯片"。

(2)在标题区输入"江西远程教育集团"后,选中文字,单击"格式"菜单→"字体",设置"字体"、"字形"、"字号",选择"颜色"中的"其他颜色"后,单击对话框中的"自定义"标签,在左下部输入 255,0,0 三个数值。"颜色"设置如图 17.1 所示。

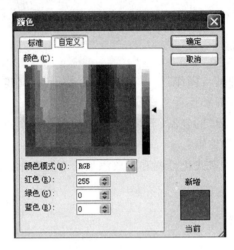

图 17.1 "颜色"对话框

(3)在副标题中输入"江西电视大学"后,其他操作同步骤(2)。

(4)单击"插入"菜单→"新幻灯片"在右边出现的"幻灯片版式"面板中选择"标题和文本",在标题区输入"部门信息"后,在下半部分分三行输入:计算机系、信息与工程系、管理系。

(5)单击"格式"菜单→"背景",单击左下角的向下箭头,选择"填充效果"后,在当前页上按钮边单击"预设",在"预设颜色"中选择"雨后初晴",在下边选择底纹样式"斜上",单击"确定"按钮。如图 17.2 所示。

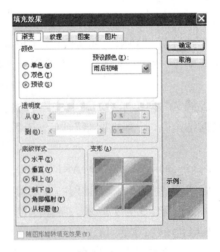

图 17.2 "填充效果"对话框

(6)单击"插入"菜单→"新幻灯片",在右边出现的"幻灯片版式"面板中选择"标题,文本与剪贴画",在标题区输入"计算机系课程介绍"后,在下半部分左边分三行输入:"计算机导论"、"C语言程序设计"、"高等数学"。

(7)选中三行文字,单击"格式"菜单→"项目符号和编号",单击"自定义"按钮后,对话框中选择"字体"中"WINDINGS",选择✍后单击"确定"按钮,如图17.3所示。

图17.3 "符号"对话框

(8)右边空白处提示文字为"双击此处…",在该处双击,在对话框中顶部输入"BOOK"单击"搜索"按钮。然后选择"BOOK"剪贴画插入。

(9)选择第一个图案,单击"格式"菜单→"背景",单击左下角的向下箭头,单击"其他颜色"后,单击对话框中的"自定义"标签,红色252、绿色242、蓝色48。

(10)单击"插入"菜单→"新幻灯片",在右边出现的"幻灯片版式"面板中选择"垂直排列标题与文本"。

(11)在标题区输入"软件工程专业"后,在下半部分左边分三行输入:"数据结构"、"计算机网络"、"C++编程技术",选中三行后,单击"格式"菜单→"项目符号和编号",选择"无"单击"确定"按钮。

(12)单击"格式"菜单→"背景",单击左下角的向下箭头,选择"填充效果"后,顶部选择"纹理"标签,找到"水滴",单击"确定"按钮。如图17.4所示。

图17.4 "填充效果"对话框

(13)单击"格式"菜单→"幻灯片设计",在右边面板底部单击"浏览"按钮,在对话框中双击"Presentation Designs",选择"WATERMARK.POT",单击"确定"按钮。

(14)单击"插入"菜单→"新幻灯片",在右边出现的"幻灯片版式"面板中选择"空白",单击底部工具栏中的"艺术字"按钮,选择第2行第1列样式,单击"确定"按钮。如图17.5所示,输入"结束",单击"确定"按钮。

图 17.5 "艺术字库"对话框

(15)双击图片,选择"尺寸"标签,在高度中输入5,宽度输入7,单击"确定"按钮。如图17.6所示。

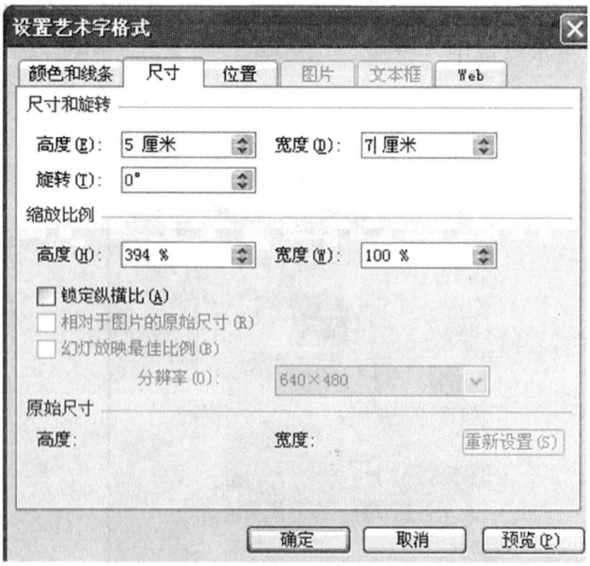

图 17.6 "设置艺术字格式"对话框

(16)依次单击菜单栏中"文件"→"保存"命令。在弹出的对话框中,单击"保存位置"框右端的下拉按钮,选择D盘。在"文件名"框中输入"实验17",然后单击"确定"按钮即可。

【实验内容】

建立"Internet 的秘诀"幻灯片,具体内容如图 17.7 所示,要求完成以下操作并保存。

(1)第 1 张幻灯片版式为"标题幻灯片",标题为"Internet 的秘诀",设置楷体_GB2312、54 磅、深蓝色、加阴影,副标题为"—全面优化网络 主讲人:王超",设置楷体_GB2312、32 磅、深蓝色、加阴影。

(2)第 2 张幻灯片版式为"项目清单即标题和文本版式",标题为"Internet 的秘诀",设置楷体_GB2312、40 磅、深蓝色、加阴影,文本为"进入 IE 的'Internet 选项'窗口,在'常规'选项里将首页设置为空白页,这样可以加快打开 IE 的速度。"设置楷体_GB2312、40 磅、左对齐。

(3)第 3 张幻灯片版式为"只有标题",标题为"谢谢!!",设置楷体_GB2312、60 磅、加粗、深蓝色、阴影。

(4)将幻灯片应用设计模板"吉祥如意.pot"效果。

(5)调整第 1 张幻灯片副标题的位置和第 3 张幻灯片中字符位置,使其达到美观的效果。

图 17.7　"Internet 的秘诀"幻灯片

实验 18 幻灯片的动画与超链接操作

【实验目的】

　　1.掌握演示文稿的动画创建与编辑的常用方法；

　　2.掌握幻灯片的切换效果的设置和超链接的创建设与编辑；

　　3.学会"页面设置"和"打印"对话框的操作，了解演示文稿的打包操作。

【实验环境】

　　1.Windows XP 中文版；

　　2.PowerPoint 2003。

【实验示例】

　　新建一个演示文稿，完成以下操作并保存：

　　(1)在第2张幻灯片上添加一个返回按钮，当按该按钮时，幻灯片切换到前一张。

　　(2)设置所有幻灯片的切换方式为"水平百叶窗"。

　　(3)设置第2张幻灯片主体文本动画效果为"自底部飞入"。

　　(4)在第1张幻灯片的"爱您的女儿敬上"创建一个超级链接，当单击它时，能链接到邮箱 jxnc123456@163.com 上。

　　(5)把所有幻灯片设置为 Proposal 模板。

　　(6)把演示文稿以"实验18"文件名保存在 D 盘。

　　操作步骤：

　　(1)选中第2张幻灯片，选择"幻灯片放映"→"动作按钮"命令，选择第一个按钮（"自定义"），放到幻灯片右下角合适的位置；在弹出的"动作设置"对话框中的"鼠标单击"选项卡中，单击"超级链接到"单选按钮，在下拉列表中选择"第一张幻灯片"或"上一张幻灯片"。如图18.1所示。

　　(2)单击"绘图"工具栏上的"阴影样式"按钮，在下拉列表中选择"阴影样式17"，变为立体效果。

　　(3)在按钮上右击，在弹出的快捷菜单中选择"添加文本"，输入"返回"。再右击，选择"设置自选图形"格式，在"设置自选图形格式"对话框的"颜色和线条"选项卡中的"填充颜色"中选择"填充效果"，在"填充效果"对话框中的设置

图 18.1 "动作设置"对话框

如图18.2所示,然后单击"确定"按钮。

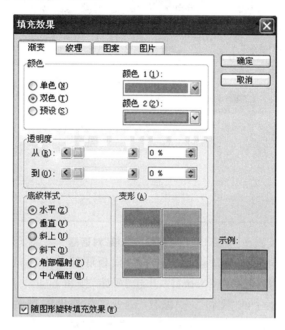

图18.2 "填充效果"对话框

(4)选择"幻灯片放映"→"幻灯片切换"命令,在"幻灯片切换"对话框中选择"水平百叶窗"。

(5)在第2张幻灯片中,选择主体文本的文本框,再选择"幻灯片放映"→"自定义动画",在"自定义动画"对话框中选择添加效果按钮,选择"进入"→"飞入"效果,这时出现如图18.3所示对话框,在该对话框中的"方向"选项选择"自底部"的动画效果。

图18.3 "自定义动画"对话框

(6)选择第1张幻灯片的"爱您的女儿敬上",右击选择"超链接"命令,在出现的"编辑超链接"对话框中进行如图18.4所示的设置。创建超链接后,在"爱您的女儿敬上"字形上出现下画线。放映时单击"爱您的女儿敬上",就会链接到所设置的邮箱地址上。

图 18.4 "编辑超链接"对话框

(7)单击"格式"菜单→"幻灯片设计",在右边面板底部单击"浏览"按钮,在对话框中双击"Presentation Designs",选择"Proposal",单击"确定"按钮。

(8)依次单击菜单栏中的"文件"→"保存"命令。在弹出的对话框中,单击"保存位置"框右端的下拉按钮,选择 D 盘。在"文件名"框中输入"实验 18",然后单击"确定"按钮即可。最终演示文稿如图 18.5 所示。

图 18.5 "实验 18"演示文稿

【实验内容】

建立"《回乡偶书》"幻灯片,具体内容如图18.6所示,要求完成以下操作并保存。

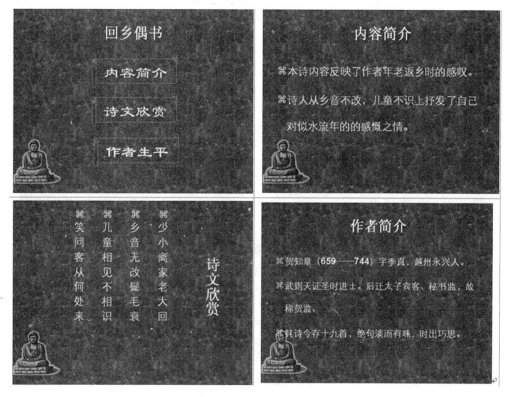

图18.6 "《回乡偶书》"幻灯片

(1)插入第1张版式为只有标题的幻灯片,第2张版式为标题和文本的幻灯片,第3张版式为垂直排列标题和文本的幻灯片,第4张版式为标题和文本的幻灯片,输入如图18.6所示文本。

(2)在第一张幻灯片上插入自选图形(星与旗帜下的横卷形),输入文字如图18.6所示第一张幻灯片文本。

(3)设置所有幻灯片的背景为褐色大理石。

(4)将幻灯片的配色方案设为标题为白色,文本和线条为黄色。

(5)将第2张幻灯片标题格式设为宋体,44号,加粗。文本格式设为华文细黑,32号,加粗,行距为2行,项目符号为⌘(windings字符集中),橘红色。

(6)在每张幻灯片左下角插入如图剪贴画(宗教—佛教)。

(7)设置第1张幻灯片的各个自选图形的填充颜色为无,字体为隶书,48号。在自选图形上设置超链接到到对应幻灯片上。

(8)设置动画效果:第1个自选图形自左侧切入,随后第2个自选图形自动自右侧切入,第3个自选图形自动自底部切入。

实验 19　PowerPoint 2003 操作题

【实验目的】

PowerPoint 2003 中的一些操作题的操作方法,是 PowerPoint 2003 知识的重要内容之一,同时也是全国和省级计算机等级考试笔试中的必考内容,每个学生都应该熟练、正确地掌握。

【实验环境】

1. Windows XP 中文版;
2. PowerPoint 2003 中文版。

【实验示例】

规定学生在 2 节课时间内按时完成以下操作题,并由任课老师进行辅导,重点要求学生掌握做这些操作题的基本方法。老师把题目放在计算机上,学生利用"网上邻居"功能,复制到自己操作的计算机上。

【实验内容】

一、第 1 套操作题目

建立"习题一"幻灯片,要求完成以下操作并保存。

(1)建立第 1 张幻灯片:版式为"标题幻灯片",标题内容为"思考与练习",并设置为黑体,字号 72;副标题内容为"——小学语文讲解"并设置为宋体,字号 28,倾斜、加粗。

(2)建立第 2 张幻灯片:版式为"只有标题",标题内容为"1、有感情地朗读课文",并设置为隶书,字号 36,分散对齐;将标题设置"左侧飞入"动画效果并伴有"打字机"声音。

(3)建立第 3 张幻灯片:版式为"只有标题";标题内容为"2、背诵你认为写得好的段落",并设置为隶书,字号 36,分散对齐;将标题设置"盒状展开"动画效果并伴有"鼓掌"声音。

(4)建立第 4 张幻灯片:版式为"只有标题";标题内容为"3、把课文中的好词佳名抄写下来",并设置为隶书,字号 36,分散对齐;将标题设置"从下部缓慢移入"动画效果并伴有"幻灯放映机"声音。

(5)设置应用设计模板为"Blueprint"。

(6)将所有幻灯片的切换方式只设置为"每隔 8 秒"换页。

(7)将演示文稿以"习题一"文件名保存在 D 盘。

二、第 2 套操作题目

建立"习题二"幻灯片,要求完成以下操作并保存。

(1)建立第 1 张幻灯片:版式为"空白";在页面上面插入艺术字"乘法、除法的知识"(选择"艺术字库"中第三行第四个样式),并设置成隶书,字号 72,加粗;将艺术字设置"从底部伸展"效果并伴有"爆炸"声音。

(2)建立第 2 张幻灯片:版式为"两栏文本";标题内容为"1、乘法、除法的口算和估算"并设置为宋体,字号36,加粗;将标题设置"左侧切入"动画并伴有"驶过"声音。

(3)建立第3张幻灯片:版式为"项目清单";标题内容为"2、乘、除法各部分间的关系"并设置为楷体,字号36,加粗;将标题设置"垂直随机线条"动画效果并伴有"拍打"声音。

(4)建立第4张幻灯片:版式为"空白";在页面上插入水平文本框,在其中输入文本"3、乘、除法的一些简便算法",并设置为仿宋体,字号48,加粗,左对齐;设置文本框的高度为2厘米、宽度为28厘米;将文本设置"底部飞入"动画效果并伴有"打字机"声音。

(5)将所有幻灯片插入幻灯片编号。

(6)将所有幻灯片的切换方式设置为"单击鼠标"和"每隔6秒"换页。并设置放映方式为"循环放映"。

(7)将演示文稿以"习题二"文件名保存在D盘。

三、第3套操作题目

建立"习题三"幻灯片,要求完成以下操作并保存。

(1)第1张幻灯片的版式设置为"文本与剪贴画",标题内容为"电子政务培训",并插入一张与内容有关的剪贴画,背景设置为纹理"羊皮纸"。

(2)插入一张新幻灯片,版式为"项目清单",标题为"电子政务要点",设置为宋体、36磅;正文为:

电子政务基本知识

办公应用操作

政务模拟系统

并设置为宋体、28磅、加粗、阴影。

(3)对第2张幻灯片正文添加"黑白两色向右箭头"的项目符号。

(4)将第2张幻灯片设置为白、蓝双色,底纹样式为"角部辐射"。

(5)设置第2张幻灯片标题文本的动画效果为"自右侧飞入",设置该幻灯片的文本对象的动画效果为棋盘式、纵向、按字母。

(6)将演示文稿以"习题三"文件名保存在D盘。

四、第4套操作题目

建立"习题四"幻灯片,具体内容如图19.1所示,要求完成以下操作并保存。

(1)将第2张幻灯片版式改变为"标题和竖排文字"。

(2)将第1张幻灯片背景填充预设颜色为"薄雾浓云",底纹样式为"水平"。

(3)第3张幻灯片加上标题"计算机硬件组成",设置字体字号为:隶书,48磅。

(4)将最后一张幻灯片移为整个演示文稿的第2张幻灯片。

(5)全文幻灯片的切换效果都设置成"盒状展开"。

(6)幻灯片设置"纵向",纸张为"A4"。

(7)将演示文稿以"习题四"文件名保存在D盘。

图 19.1　习题四演示文稿

五、第 5 套操作题目

建立"习题五"幻灯片,内容如图 19.2 所示,要求完成以下操作并保存。

图 19.2　习题五演示文稿

(1)全部幻灯片指定切换时间(单位:5 秒)。

(2)把第 1 张幻灯片背景颜色改为红色。

(3)把第 1 张幻灯片设置为显示幻灯片编号。

(4)第 2 张幻灯片切换设置为向上插入。

(5)第 2 张文字动画效果为棋盘。

(6)幻灯片的屏幕和打印方向为纵向。

(7)幻灯片大小设置为"A4"纸张。

(8)以"习题五"为文件名保存该演示文稿在 D 盘。

实验 20　PowerPoint 2003 知识练习

【实验目的】

掌握本章的基础知识,学会在计算机上做习题的方法,为今后各种考核做准备。

【实验目的】

1. Windows XP 中文版;
2. PowerPoint 2003 中文版。

【实验方法】

把老师给的 PowerPoint 2003 知识试题 Word 文档复制到自己工作计算机上,打开该文档,仔细阅读每道题目,把每题的正确答案填写到该题目中的括号中。做完后保存好自己的文档(最好用自带的 U 盘保存),堂课最后 10 分钟再与老师给的参考答案核对,修改后保存。

【实验内容】

PowerPoint 2003 知识习题试题

单选题

1. PowerPoint 2003 主窗口水平滚动条的左侧有 5 个显示方式切换按钮:"普通视图"、"大纲视图"、"幻灯片视图"、"幻灯片放映"和(　　　　)。

　　A."全屏显示"　　　　　　　　　　B."主控文档"

　　C."幻灯片浏览视图"　　　　　　　D."文本视图"

2. 在以下(　　　)中,不能进行文字编辑与格式化。

　　A.幻灯片视图　　　　　　　　　　B.大纲视图

　　C.幻灯片浏览视图　　　　　　　　D.普通视图

3. 在大纲视图窗格中输入演示文稿的标题时,可以(　　　　)在幻灯片的大标题后面输入小标题。

　　A.单击工具栏中的"升级"按钮

　　B.单击工具栏中的"降级"按钮

　　C.单击工具栏中的"上移"按钮

　　D.单击工具兰中的"下移"按钮

4. 在当前演示文稿中要删除一张幻灯片,采用(　　　　)方式是错误的。

　　A.在幻灯片视图,选择要删除的幻灯片,单击"文件→删除幻灯片"命令

　　B.在幻灯片浏览视图,选中要删除的幻灯片,按 Del 键

　　C.在大纲视图,选中要删除的幻灯片,按 Del 键

　　D.在幻灯片视图,选择要删除的幻灯片,单击"编辑→剪切"命令

5. 对于知道如何建立一新演示文稿内容但不知道如何使其美观的使用者来说,在 Power-Point 2003 启动后应选择( )。

    A. 内容提示向导   B. 模板

    C. 空白演示文稿   D. 打开已有的演示文稿

6. 以下( )不是 PowerPoint 2003 的视图方式。

    A. 页面视图   B. 普通视图

    C. 幻灯片浏览视图   D. 大纲视图

7. PowerPoint 演示文稿文件的扩展名是( )。

    A. DOC   B. PPT   C. BMP   D. XLS

8. 下列各项中( )不能控制幻灯片外观一致的方法。

    A. 母板   B. 模板   C. 背景   D. 幻灯片视图

9. 以下( )是无法打印出来的。

    A. 幻灯片中的图片   B. 幻灯片中的动画

    C. 母版上设置的标志   D. 幻灯片的展示时间

10. 在幻灯片浏览视图中,以下( )是不可以进行的操作。

    A. 插入幻灯片   B. 删除幻灯片

    C. 改变幻灯片的顺序   D. 编辑幻灯片中的文字

11. 在美化演示文稿版面时,以下不正确的说法是( )。

    A. 套用模板后将使整套演示文稿有统一的风格

    B. 可以对某张幻灯片的背景进行设置

    C. 可以对某张幻灯片修改配色方案

    D. 无论是套用模版、修改配色方案、设置背景,都只能使各张幻灯片风格统一

12. 以下( )菜单项是 PowerPoint 特有的。

    A. 视图   B. 工具   C. 幻灯片放映   D. 窗口

13. 某一文字对象设置了超链接后,不正确的说法是( )。

    A. 在演示该页幻灯片时,当鼠标指针移到文字对象上会变成"手"形

    B. 在幻灯片视图窗格中,当鼠标指针移到文字对象上会变成"手"形

    C. 该文字对象的颜色会以默认的配色方案显示

    D. 可以改变文字的超链接颜色

14. 在幻灯片母板中插入的对象,只能在( )中可以修改。

    A. 讲义母板   B. 幻灯片视图   C. 幻灯片母板   D. 大纲视图

15. 自定义动画时,以下不正确的说法是( )。

    A. 同时还可配置声音   B. 各种对象均可设置动画

    C. 动画设置后,先后顺序不可改变   D. 可将对象设置成播放后隐藏

16. 在一张幻灯片中,若对一幅图片及文本框设置成一致的动画显示效果时,则( )是正确的。

    A. 图片没有动画效果,文本框有动画效果

    B. 图片有动画效果,文本框也有动画效果

C.图片有动画效果,文本框没有动画效果

D.图片没有动画效果,文本框也没有动画效果

17.在幻灯片中,若将已有的一幅图片放置层次标题的背后,则正确的操作方法是:选中"图片"对象,单击"叠放次序"命令中(   )。

A. 置于顶　　　　　　　　　　B. 置于底层

C. 置于文字上方　　　　　　　D. 置于文字下方

18.对某张幻灯片进行了隐藏设置后,则(   )。

A.幻灯片视图窗格中,该张幻灯片被隐藏了

B.在幻灯片演示状态下,该张幻灯片被隐藏了

C.在大纲视图窗格中,该张幻灯片被隐藏了

D.在幻灯片浏览视图窗状态下,该张幻灯片被隐藏了

19.在设置超链接时,可以从"(   )"菜单中选中"(   )"选项。

A. 格式　超链接

B.幻灯片放映　超链接

C.幻灯片放映　动作设置

D.幻灯片放映　自定义放映

20.对整个幻灯片进行复制粘贴的功能,能在(   )状态下实现。

A.大纲视图窗格和幻灯片浏览视图

B.幻灯片浏览视图

C.幻灯片视图窗格、大纲视图窗格和幻灯片浏览窗格

D.大纲视图窗格

21.在幻灯片的"动作设置"功能中不可通过(   )来触发多媒体对象的演示。

A. 单击鼠标　　　　　　　　　B. 移动鼠标

C. 双击鼠标　　　　　　　　　D. 单击鼠标和移动鼠标

22.在空白幻灯片中不可以直接插入(   )。

A. 文本框　　　　B. 文字　　　　C. 艺术字　　　　D. Word 表格

23.幻灯片中使用了某种模板以后。若需进行调整,则(   )说法是正确的。

A.确定了某种模板后就不能进行调整了

B.确定了某种模板后只能进行清除,而不能调整模板

C.只能调整为其他形式的模板,不能清除摸板

D.既能调整为其他形式的模板,又能清除模板

24.在幻灯片母版设置中,可以起到(   )的作用。

A.统一整套幻灯片的风格　　　　B.统一标题内容

C.统一图片内容　　　　　　　　D.统一页码内容

25.在"自定义动画"的设置中,(   )是正确的。

A.只能用鼠标来控制,不能用时间来设置控制

B.只能用时间来控制,不能用鼠标来设置控制

C.既能用鼠标来设置控制,也能用时间设置控制

D. 鼠标和时间都不能设置控制

26. "自定义动画"对话框中不包括下列有关动画设置的选项(　　　)。

　　A. 时间　　　　　　　B. 自定义动画　　　　　C. 动画预览　　　　　　D. 幻灯片切换

27. 在幻灯片视图窗格中单击"幻灯片放映"视图按钮,通常情况下,将在屏幕上看到(　　　)。

　　A. 从第一张幻灯片开始全屏幕放映所有的幻灯片

　　B. 从当前幻灯片开始放映剩余的幻灯片

　　C. 只放映当前的一张幻灯片

　　D. 按照幻灯片设置的时间放映全部幻灯片

28. 在幻灯片视图窗格中,在状态栏中出现了"幻灯片 2/7"的文字,则表示(　　　)。

　　A. 共有 7 张幻灯片,目前只编辑了 2 张

　　B. 共有 7 张幻灯片,目前显示的是第 2 张

　　C. 共编辑了 2/7 张的幻灯片

　　D. 共有 9 张幻灯片,目前显示的是第 2 张

29. 当一张幻灯片要建立超链接时(　　　)说法是错误的。

　　A. 可以链接到其他的幻灯片上

　　B. 可以链接到本页幻灯片上

　　C. 可以链接到其他演示文稿上

　　D. 不可以链接到其他演示文稿上

30. 已设置了幻灯片的动画,但没有动画效果,应切换到(　　　)。

　　A. 幻灯片视图　　　　　　　　　　　B. 幻灯片浏览视图

　　C. 大纲视图　　　　　　　　　　　　D. 幻灯片放映

31. 设置幻灯片放映时间的命令(　　　)。

　　A. "幻灯片放映→预设动画"命令

　　B. "幻灯片放映→动作设置"命令

　　C. "幻灯片放映→排练计时"命令

　　D. "插入→日期和时间"命令

32. 在幻灯片版式的链接功能中(　　　)不能进行链接的设置。

　　A. 文本内容　　　　B. 按钮对象　　　　　C. 图片对象　　　　　D. 声音对象

33. 在 PowerPoint 2003 中演示文稿中,将某张幻灯片版式更改为"垂直排列标题与文本",应选择的菜单是(　　　)。

　　A. 视图　　　　　　　B. 插入　　　　　　　C. 格式　　　　　　　　D. 幻灯片放映

34. 在 PowerPoint 2003 中,如果要同时选中几个对象,按住(　　　)键并逐个单击待选的对象。

　　A. Ctrl　　　　　　　B. Alt　　　　　　　　C. Ctrl＋Alt　　　　　　D. Shift

35. 关于幻灯片页面版式的叙述,不正确的是(　　　)。

　　A. 幻灯片的大小可以改变

　　B. 幻灯片应用模板一旦选定,就不可改变

　　C. 同一演示文稿中允许使用多种版式

　　D. 同一演示文稿不同幻灯片的配色方案可以不同

36.希望在编辑幻灯片内容时,其大小与窗口大小相适应,应选择(　　　)。

    A."文件"菜单中的"页面设置"命令

    B.工具栏上"显示比例"下拉列表中的"100%"

    C.工具栏上"显示比例"下拉列表中的"最佳大小"

    D."窗口"菜单中的"缩至一页"命令

37.在演示文稿中,在插入超链接中所链接的目标,不能是(　　　)。

    A.另一个演示文稿　　　　　　　　B.同一演示文稿的某一张幻灯片

    C.其他应用程序的文档　　　　　　D.幻灯片中的某个对象

38.以下关于新建文件的说法中,正确的是(　　　)。

    A.单击工具栏中的"新建"按钮,可页面布局,再出现新文档窗口

    B.使用"文件"菜单中的"新建"命令,任务窗口直接显示"新建演示文稿"状态

    C.单击工具栏中的"新建"按钮,任务窗口直接显示"新建演示文稿"状态

    D.单击工具栏中的"新建"按钮与使用文件菜单中"新建"命令是一样的

39.关于排练计时,以下的说法中正确的是(　　　)。

    A.可以通过"设置放映方式"对话框来更改自动演示时间

    B.必须通过"排练计时"命令,设定演示时幻灯片的播放时间长短

    C.只能通过排练计时来修改设置好的自动演示时间

    D.可以设定演示文稿中的部分幻灯片具有定时播放效果

40.关于幻灯片母版,以下说法中错误的是(　　　)。

    A.单击幻灯片视图状态切换按钮,可以出现五种不同的母版

    B.在母版中插入的图片对象,每张幻灯片中都可以看到

    C.在母版中定义了标题字体的格式后,在幻灯片中还可以修改

    D.可以通过鼠标操作在各类母版之间直接切换

41.在大纲视图中输入演示文稿标题时,可(　　　)在幻灯片的大标题后面输入小标题。

    A.按键盘上的回车键　　　　　　　B.按键盘上的向下方向键

    C.按键盘上的 Tab 键　　　　　　　D.按键盘上的 Shift+Tab 组合键

42.以下关于状态栏的说法中,错误的是(　　　)。

    A.状态栏中的拼写检查图标在没有发现错别字时显示勾,在有错别字时显示叉

    B.在幻灯片视图中,通过状态栏可以知道当前幻灯片在整个演示文稿中属于第几张

    C.状态栏总是位于窗口的底部,一般分为左、中、右

    D.通过状态栏可以知道演示文稿所用的模板

43.以下不能用来更改层次小标题的切换方式的是(　　　)。

    A.幻灯片浏览视图工具栏　　　　　B."自定义动画"对话框

    C."幻灯片切换"对话框　　　　　　D."幻灯片放映"菜单中的"预设动画"命令

44.幻灯片的填充背景不可以是(　　　)。

    A.调色板列表中选择的颜色

    B.自己通过三原色或亮度、色调等调制颜色

    C.三种以上颜色的过渡效果

D. 磁盘上的图片

45. 超链接只有在下列(　　)中才能被激活。

A. 幻灯片放映视图　　　　　　　　　B. 大纲视图

C. 幻灯片视图　　　　　　　　　　　D. 幻灯片浏览视图

46. 排练计时,在(　　)中不能进行。

A. 幻灯片浏览视图　　　　　　　　　B. 幻灯片放映视图

C. 大纲视图　　　　　　　　　　　　D. 幻灯片视图

47. 在 PowerPoint 中,不能完成对个别幻灯片进行设计或修饰的对话框是(　　)。

A. 背景　　　　　　　　　　　　　　B. 幻灯片版式

C. 配色方案　　　　　　　　　　　　D. 应用设计模板

48. PowerPoint 中,下列说法错误的是(　　)。

A. 可以向表格中插入新行和新列　　　B. 不能合并和拆分单元格

C. 可以改变列宽和行高　　　　　　　D. 可以给表格添加边框

49. PowerPoint 中,关于在幻灯片中插入图表的说法中错误的是(　　)。

A. 可以直接通过复制和粘贴的方式将图表插入到幻灯片中

B. 需先创建一个演示文稿或打开一个已有的演示文稿,再插入图表

C. 只能通过插入包含图表的新幻灯片来插入图表

D. 双击图表占位符可以插入图表

50. PowerPoint 中,下列说法正确的是(　　)。

A. 要向幻灯片中插入表格,需切换到普通视图

B. 要向幻灯片中插入表格,需切换到幻灯片视图

C. 可以向表格中输入文本

D. 只能插入规则表格,不能在单元格中插入斜线

51. PowerPoint 中,下列说法错误的是(　　)。

A. 允许插入在其他图形程序中创建的图片

B. 为了将某种格式的图片插入到 PowerPoint 中,必须安装相应的图形过滤器

C. 选择插入菜单中的"图片"命令,再选择"来自文件"

D. 在插入图片前,不能预览图片

52. PowerPoint 中,下列说法错误的是(　　)。

A. 可以利用自动版式建立带剪贴画的幻灯片,用来插入剪贴画

B. 可以向已存在的幻灯片中插入剪贴画

C. 可以修改剪贴画

D. 不可以为图片重新上色

53. PowerPoint 中,有关备注母版的说法错误的是(　　)。

A. 备注的最主要功能是进一步提示某张幻灯片的内容。

B. 要进入备注母版,可以选择视图菜单的母版命令,再选择"备注母版"。

C. 备注母版的页面共有 5 个设置:页眉区、页脚区、日期区、幻灯片缩图和数字区。

D. 备注母版的下方是备注文本区,可以像在幻灯片母版中那样设置其格式。

54. PowerPoint 中,在浏览视图下,按住 Ctrl 并拖动某幻灯片,可以完成(　　)操作。

　　A. 移动幻灯片　　　B. 复制幻灯片　　　　C. 删除幻灯片　　　　D. 选定幻灯片

55. PowerPoint 中,有关幻灯片母版中的页眉页脚下列说法错误的是(　　)。

　　A. 页眉或页脚是加在演示文稿中的注释性内容

　　B. 典型的页眉/页脚内容是日期、时间以及幻灯片编号

　　C. 在打印演示文稿的幻灯片时,页眉/页脚的内容也可打印出来

　　D. 不能设置页眉和页脚的文本格式

56. PowerPoint 中,要切换到幻灯片的黑白视图,请选择(　　)。

　　A. 视图菜单的"幻灯片浏览"　　　　　　B. 视图菜单的"幻灯片放映"

　　C. 视图菜单的"黑白"　　　　　　　　　D. 视图菜单的"幻灯片缩图"

57. PowerPoint 中,有关选定幻灯片的说法中错误的是(　　)。

　　A. 在浏览视图中单击幻灯片,即可选定。

　　B. 如果要选定多张不连续幻灯片,在浏览视图下按 Crtl 键并单击各张幻灯片。

　　C. 如果要选定多张连续幻灯片,在浏览视图下,按下 Shift 键并单击最后要选定的幻灯片。

　　D. 在幻灯片视图下,也可以选定多个幻灯片。

58. 如要终止幻灯片的放映,可直接按(　　)键。

　　A. Ctrl+C　　　　　B. Esc　　　　　　　C. End　　　　　　　D. Alt+F4

59. 使用(　　)下拉菜单中的"背景"命令改变幻灯片的背景。

　　A. 格式　　　　　　B. 幻灯片放映　　　C. 工具　　　　　　D. 视图

60. 打印演示文稿时,如"打印内容"栏中选择"讲义",则每页打印纸上最多能输出(　　)张幻灯片。

　　A. 2　　　　　　　　B. 4　　　　　　　　C. 6　　　　　　　　D. 8

61. 下列操作中,不是退出 PowerPoint 的操作是(　　)。

　　A. 单击"文件"下拉菜单中的"关闭"命令

　　B. 单击"文件"下拉菜单中的"退出"命令

　　C. 按 Alt+F4 组合键

　　D. 双击 PowerPoint 窗口的"控制菜单"图标

62. 对于演示文稿中不准备放映的幻灯片可以用(　　)下拉菜单中的"隐藏幻灯片"命令隐藏。

　　A. 工具　　　　　　B. 幻灯片放映　　　C. 视图　　　　　　D. 编辑

63. 在 PowerPoint 的(　　)下,可以用拖动方法改变幻灯片的顺序。

　　A. 幻灯片视图　　　　　　　　　　　　B. 备注页视图

　　C. 幻灯片浏览视图　　　　　　　　　　D. 幻灯片放映

64. PowerPoint 提供(　　)种新幻灯片版式供用户创建演示文件时选用。

　　A. 12　　　　　　　B. 24　　　　　　　C. 28　　　　　　　D. 32

65. PowerPoint 的演示文稿具有幻灯片、幻灯片浏览、备注、幻灯片放映和(　　)5 种视图。

　　A. 普通　　　　　　B. 大纲　　　　　　C. 页面　　　　　　D. 联机版式

66. PowerPoint 中,在(   )视图中,用户可以看到画面变成上下两半,上面是幻灯片,下面是文本框,可以记录演讲者讲演时所需的一些提示重点。

    A. 备注页视图   B. 浏览视图

    C. 幻灯片视图   D. 黑白视图

67. PowerPoint 中,母版工具栏上有关闭和(   )两个按钮。

    A. 幻灯片缩图   B. 链接   C. 预览   D. 保存

68. 在 PowerPoint 演示文稿中,将一张布局为"项目清单"的幻灯片改为"对象"幻灯片,应使用的对话框是(   )。

    A. 幻灯片版式   B. 幻灯片配色方案

    C. 背景   D. 应用设计模版

69. 在 PowerPoint 中,设置幻灯片放映时的换页效果为"垂直百叶窗",应使用"幻灯片放映"菜单下的选项是(   )。

    A. 动作按钮   B. 幻灯片切换   C. 预设动画   D. 自定义动画

70. 在 PowerPoint 中,打印演示文稿时,"打印内容"栏中选择(   ),每页打印纸最多能输出 6 张幻灯片。

    A. 大纲视图   B. 幻灯片   C. 备注页   D. 讲义

71. PowerPoint 中,在(   )视图中,可以轻松地按顺序组织幻灯片,进行插入、删除、移动等操作。

    A. 备注页视图   B. 浏览视图   C. 幻灯片视图   D. 黑白视图

72. PowerPoint 中,为了使所有幻灯片具有一致的外观,可以使用母版,用户可进入的母版视图有幻灯片母版、标题母版、(   )。

    A. 备注母版   B. 讲义母版   C. 普通母版   D. A 和 B 都对

73. PowerPoint 中,在(   )视图中,可以定位到某特定的幻灯片。

    A. 备注页视图   B. 浏览视图   C. 放映视图   D. 黑白视图

74. PowerPoint 中,要切换到幻灯片母版中,(   )。

    A. 单击视图菜单中的"母版",再选择"幻灯片母版"

    B. 按住 Alt 键的同时单击"幻灯片视图"按钮

    C. 按住 Ctrl 键的同时单击"幻灯片视图"按钮

    D. A 和 C 都对

75. 仅显示演示文稿的文本内容,不显示图形、图像、图表等对象,应选择(   )视图方式。

    A. 大纲视图   B. 浏览视图   C. 幻灯片视图   D. 普通视图

76. 在幻灯片浏览视图中,利用键盘作删除幻灯片操作,正确的操作方法是先选中该幻灯片,再按(   )键。

    A. Alt   B. Ctrl   C. Insert   D. Delete

77. 对于演示文稿中不准备放映的幻灯片可以用(   )下拉菜单中的"隐藏幻灯片"命令隐藏。

    A. 工具   B. 幻灯片放映   C. 视图   D. 编辑

78. PowerPoint 中,在浏览视图下,按住 Ctrl 键并拖动某幻灯片,可以完成( )操作。

    A. 移动幻灯片   B. 复制幻灯片   C. 删除幻灯片   D. 选定幻灯片

79. PowerPoint 中,下列有关发送演示文稿的说法中正确的是( )。

    A. 在发送信息之前,必须设置好 Outlook 2000 要用到的配置文件

    B. 准备好要发送的演示文稿后,选择"编辑"菜单中的链接,再选择"邮件收件人"命令

    C. 如果以附件形式发送时,发送的是当前幻灯片的内容

    D. 如果以邮件正文形式发送时,则发送的是整个演示文稿文件,还可以在邮件正文添加
       说明文字

80. PowerPoint 中,下列有关在应用程序间复制数据的说法中错误的是( )。

    A. 只能使用复制和粘贴的方法来实现信息共享

    B. 可以将幻灯片复制到 Word 2000 中

    C. 可以将幻灯片移动到 Excel 工作簿中

    D. 可以将幻灯片拖动到 Word 2000 中

81. 单击"幻灯片放映"下拉菜单中的"设置放映方式"命令,在"设置放映方式"的对话框中有
    ( )种不同的方式放映幻灯片。

    A. 1   B. 2   C. 3   D. 4

82. ( )不是合法的"打印内容"选项。

    A. 幻灯片   B. 备注页   C. 讲义   D. 幻灯片浏览

83. 在 PowerPoint 中,对于已创建的多媒体演示文档可以用( )命令转移到其他未安装
    PowerPoint 的机器上放映。

    A. 文件/打包   B. 文件/发送

    C. 复制   D. 幻灯片放映/设置幻灯片放映

84. 在打印演示文稿时,在一页纸上能包括几张幻灯片缩图的打印内容称为( )。

    A. 大纲视图   B. 幻灯片   C. 备注页   D. 讲义

85. 设置幻灯片编号可见,可选择( )打开对话窗。

    A. 文件/页面设置   B. 视图/页眉和页脚

    C. 文件/打印   D. 插入/幻灯片编号

86. 在某个幻灯片文件的首张幻灯片上设置一个超链接到本文件的最末张幻灯片,选择链接
    到( )。

    A. 原有文件或 Web 页   B. 新建文档

    C. 本文档中的位置   D. 电子邮件地址

87. 在幻灯片版式的链接功能中( )不能进行链接的设置。

    A. 文本内容   B. 按钮对象   C. 图片对象   D. 声音对象

88. 在 PowerPoint 2003 中,如果要同时选中几个对象,按住( )键,逐个单击待选的对象。

    A. Shift   B. Ctrl   C. Ctrl＋Alt   D. Alt

89. 以下说法中,正确的是( )。

    A. 没有标题文字,只有图片或其他对象的幻灯片,在大纲中是不反映出来的

    B. 大纲视图窗格是可以用来编辑修改幻灯片中对象的位置

C. 备注页视图中的幻灯片是一张图片，可以被拖动

D. 对应于 4 种视图，Power Point 有 4 种母版

90. 希望在编辑幻灯片内容时，其大小与窗口大小相适应，应选择(　　)。

A. "文件"菜单中的"页面设置"命令

B. "窗口"菜单中的"缩至一页"命令

C. 工具栏上"显示比例"下拉列表中的"100％"

D. 工具栏上"显示比例"下拉列表中的"最佳大小"

实验 21 压缩软件的正确使用

【实验目的】

1. 理解图像压缩的概念和基本的压缩方法；

2. 学会使用 WinZIP 和 WinRAR 压缩软件的方法，包括对一个或多个文件、单个或多个文件夹、多个文件夹和多个文件的压缩和解压缩。

【实验环境】

1. Windows XP 中文版；

2. 已安装好 WinRAR 压缩软件。

【实验示例】

压缩软件种类很多，WinZIP 和 WinRAR 是在 Windows 或 Windows NT 环境下典型的压缩软件。它是目前较为流行的一种压缩软件。它与同类软件相比，具有压缩效率高、操作方便、功能齐全等特点。首次学习使用 WinRAR 压缩软件，先应仔细阅读与本实验指导的配套教材第 6 章中的第 6.3.4 节。WinRAR 压缩软件主界面如图 21.1 所示。

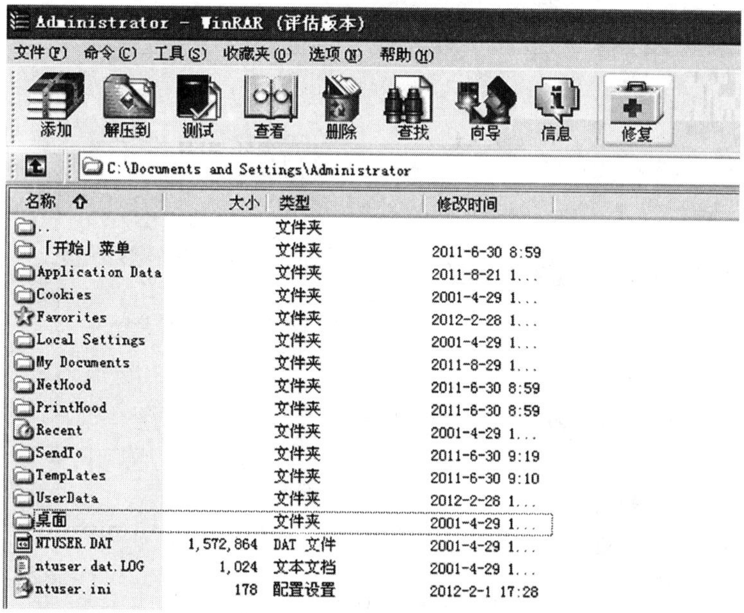

图 21.1 WinRAR 主界面

例如，要求把 E 盘中编书资料文件夹中的"题目"文件夹、Word 文件"第 6 章 多媒体技术基础"和幻灯片文件"第 6 章 多媒体"一起打包压缩。

WinRAR 压缩软件可以对单个文件或单个文件夹直接进行压缩，也可以对一个文件或多个文件和一个文件夹或多个文件夹压缩组成一个压缩文件，为了方便文件的管理，可以先

建立一个文件夹,把所需压缩组成一个文件和文件夹放置在同一个文件夹中,具体操作如下:

(1)新建一个文件夹,命名为"编书资料",把"题目"文件夹、Word文件"第6章 多媒体技术基础"和幻灯片文件"第6章 多媒体"都移到新建的"编书资料"文件夹中,如图21.2所示。

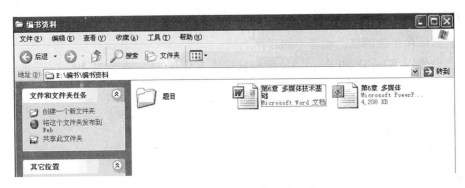

图 21.2　要压缩的文件夹和文件

(2)选中"编书资料"文件夹,然后右击,弹出快捷菜单,如图21.3所示。

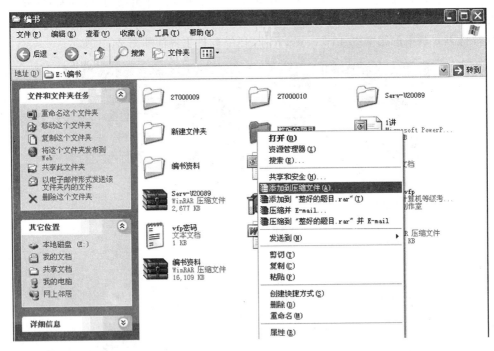

图 21.3　对"编书资料"文件夹进行压缩

(3)选择"添加到压缩文件",出现"压缩文件名和参数"对话框,如图21.4所示。在对话框中压缩文件名默认为"编书资料.rar",当然也可以另取别的压缩文件名。再选择合适的压缩文件格式,我们采用默认的RAR格式。然后单击"确定"按钮,经压缩后就会在"编书资料"文件夹所在E盘中出现被压缩的文件,名称为"编书资料.rar",如图21.5所示。

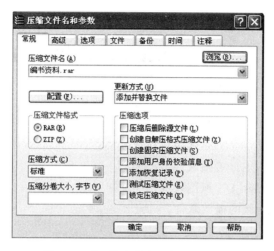

图 21.4 "压缩文件名和参数"对话框

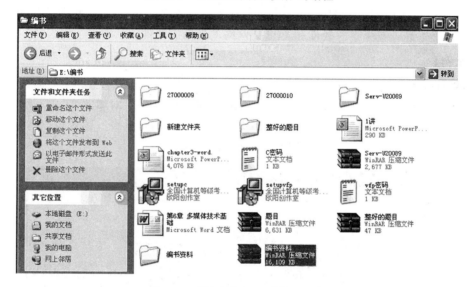

图 21.5 "编书资料.rar"压缩文件

【实验内容】

1.选择 1 文件、1 个文件夹,分别对它们进行压缩和解压缩,并形成自解压缩文件。

2.选择多幅图片,对它们进行压缩和解压缩,并做成自解压缩文件。

3.选择多个文件和 1 个(或多个)文件夹,对它们进行压缩和解压缩成 1 个文件,并做成 1 个自解压缩文件。

实验 22 多媒体技术应用软件的使用

【实验目的】

1. 学会使用 Windows XP 自带多媒体播放软件；
2. 学会正确使用 ACDSee 看图软件；
3. 灵活使用 HyperSnap-DX 抓图软件；
4. 学会使用音频和视频的播放软件。

【实验环境】

1. Windows XP 中文版；
2. 已安装好 ACDSee 看图软件、HyperSnap-DX 抓图软件、豪杰超级解霸、Winamp 音频播放软件、千千静听音频播放软件和 PPTV 网络电视播放软件。

【实验示例】

学会如何使用 HyperSnap-DX 抓图

(1)了解 HyperSnap 程序界面。HyperSnap 启动后的程序界面如图 22.1 所示，菜单栏下方为工具栏，最大的区域为图形编辑区，编辑区左侧为绘图工具栏。读者可以将鼠标指向工具栏按钮，通过悬停提示了解各按钮的功能及对应的热键。

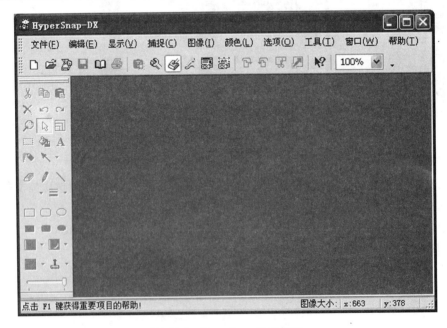

图 22.1 HyperSnap 程序界面

(2)设置捕捉参数。执行"捕捉→捕捉设置"命令，在出现的"捕捉设置"对话框的"复制和打印"选项卡上，勾选"将每次捕捉的图像都复制到剪贴板上"，这样每次抓取的图像除自动放置到编辑区外,同时也放到了剪贴板,利用剪贴板可以在其他程序中直接粘贴。参数设置如图 22.2 所示。

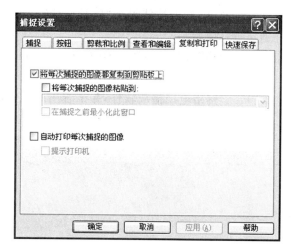

图 22.2 "捕捉设置"对话框

(3)使用热键抓图。HyperSnap 不仅提供了一套抓图热键,且允许用户重新定义一套适合自己习惯的抓图热键。当 HyperSnap 程序启动后,随时可以通过热键进行屏幕抓图。HyperSnap 的部分热键及功能如表 22.1 所示。

表 22.1 HyperSnap 部分热键及功能

热键	功能及含义
Ctrl+Shift+F	抓取整个屏幕或桌面
Ctrl+Shift+W	抓取鼠标指向的应用程序窗口或标题栏、工具栏、滚动条等
Ctrl+Shift+B	抓取应用程序窗口上的任意按钮
Ctrl+Shift+A	抓取当前活动窗口
Ctrl+Shift+C	抓取不含边框的当前活动窗口
Ctrl+Shift+R	抓取随意拖动鼠标形成的矩形屏幕区域

(4)复制所抓图像。由于所抓取的图像同时放在了剪贴板中,因此只需定位到目标程序的插入点执行"粘贴"命令即可。如定位到 Word 编辑区或定位到 PPT 的编辑区后,执行粘贴操作。

(5)保存所抓图像。在 HyperSnap 操作界面,执行"文件→另存为"命令,打开"另存为"对话框,输入保存路径、文件名,单击"确定"按钮。

【实验内容】

1.利用 HyperSnap-DX 软件在自己的计算机上抓取全屏幕、窗口或控件、按钮、活动窗口和选定区域的图片。选择其中的一幅图片,另存为 BMP、JPEG、GIF、TIF、PSD、JPG 不同格式的图片文件,试比较这些文件存储容量的大小,用自己的眼睛看,能否判断出这些图片文件质量的好坏。

2.利用 ACDSee 的"屏幕截图"功能,截取一张桌面的图片,保存到以"学号"命名的文件夹下,图片格式设置为"BMP 位图",文件名为"桌面截图.BMP"。将"学号"文件夹下的所有 BMP 格式图片批量转换成 JPG 格式,图像格式设为"质量最佳",调整后的图片以原文件名保存在"学号"文件夹,并删除所有原始图片。

3.试用 Windows XP 自带的多媒体播放软件、超级解霸、Winamp、千千静听等软件播放相应的音乐或视频文件。

4.连接 Internet,下载 PPTV 网络电视播放软件,并试着用此软件播放当天中央电视台在网上发布的视频信息。

实验 23　多媒体技术基础知识练习

【实验目的】

掌握本章的基础知识,学会在计算机上做习题的方法,为今后各种考核做准备。

【实验环境】

1. Windows XP 中文版;
2. Word 2003 中文版。

【实验方法】

把老师给的多媒体技术基础知识试题的 Word 文档复制到自己工作计算机上,打开该文档,仔细阅读每道题目,把每题的正确答案填写到该题目中的括号中。做完后保存好自己的文档(最好用自带的 U 盘保存),堂课最后 10 分钟再与老师给的参考答案核对,修改后保存。

【实验内容】

多媒体技术基础习题试题

单选题

1. 下列配置中哪些是 MPC(多媒体计算机)必不可少的(　　　):①CD-ROM 驱动器;②高质量的音频卡;③高分辩率的图形、图像显示;④高质量的视频采集卡。

　　A. ①　　　　　　　B. ①②　　　　　　　C. ①②③　　　　　　D. 全部

2. 图像采集卡和扫描仪分别用于采集(　　　)。

　　A. 动态图像和静态图像　　　　　　　B. 静态图像和动态图像
　　C. 静态图像和静态图像　　　　　　　D. 动态图像和动态图像

3. 下列采集的波形声音质量最好的是(　　　)。

　　A. 单声道、16 位量化、22.05kHz 采样频率
　　B. 双声道、8 位量化、44.1kHz 采样频率
　　C. 双声道、16 位量化、44.1kHz 采样频率
　　D. 单声道、8 位量化、22.05kHz 采样频率

4. 为什么需要多媒体创作工具(　　　):①简化多媒体创作过程;②比用多媒体程序设计的功能、效果更强;③需要创作者懂得较多的多媒体程序设计;④降低对多媒体创作者的要求,创作者不再需要了解多媒体程序的各个细节。

　　A. ②　　　　　　　B. ①④　　　　　　　C. ①②③　　　　　　D. 全部

5. 下列描述中,属 CD-ROM 光盘具有的特点的是(　　　)。

　　①可靠性高　　②多种媒体融合　　③大容量特性　　④价格低廉
　　A. 全部　　　　　　B. 仅①　　　　　　　C. ①②③　　　　　　D. ②④

6. 扫描仪可应用于(　　　)。

　　①拍照数字照片　　②图像输入　　③光学字符识别　　④图像处理

A.②④　　　　　B.①②　　　　　C.全部　　　　　D.①③

7.具有多媒体功能的微型计算机系统中,常用的 CD-ROM 是(　　　)。

　A.半导体只读存储器　　　　　　B.只读型硬盘

　C.只读型光盘　　　　　　　　　D.只读型大容量软盘

8.下列关于数码相机的叙述中,正确的是(　　　)。

　①数码相机有内部存储介质　②数码相机的关键部件是 CCD　③数码相机输出的是数字或模拟数据　④数码相机拍照的图像可以通过串行口、SCSI 或 USB 接口送到计算机

　A.仅①　　　　　B.①④　　　　　C.①②④　　　　　D.全部

9.下列关于电子出版物的说法中,不正确的是(　　　)。

　A.存储容量大,一张光盘可以存储几百本长篇小说

　B.具有评价和反馈功能

　C.检索信息迅速,能及时传播

　D.媒体种类多,可以集成文本、图形、图像、动画、视频和音频等多媒体信息

10.适合做三维动画的软件是(　　　)。

　A.3DMax　　　　B.AutoCAD　　　　C.Authorware　　　D.Photoshop

11.下列(　　　)是多媒体技术的发展方向。

　①简单化,便于操作　②高速度化,缩短处理时间　③高分辨率,提高显示质量　④智能化,提高信息识别能力

　A.全部　　　　　B.①②③　　　　C.①③④　　　　D.①②④

12.以下(　　　)是 Flash 最终保存的文件扩展名。

　A.DOC　　　　　B.SWF　　　　　C.BMP　　　　　D.PPT

13.以下(　　　)是多媒体教学软件的特点。

　①能正确生动地表达本学科的知识内容　②具有友好的人机交互界面　③能判断问题并进行教学指导　④能通过计算机屏幕和老师面对面讨论问题

　A.②③　　　　　B.①②④　　　　C.①②③　　　　D.②④

14.关于文件的压缩,以下说法正确的是(　　　)。

　A.文本文件与图形图像都可以采用有损压缩

　B.图形图像可以采用有损压缩,文本文件不可以

　C.文本文件与图形图像都不可以采用有损压缩

　D.文本文件可以采用有损压缩,图形图像不可以

15.以下可用于多媒体作品集成的软件是(　　　)。

　A.PowerPoint　　　　　　　　B.Windows Media Player

　C.ACDSee　　　　　　　　　D.我形我速

16.使用文字处理软件可更快捷和有效地对文本信息进行加工表达,以下属于文本加工软件的是(　　　)。

　A.搜索引擎　　　　　　　　　B.IE 浏览器

　C.Windows Move Maker　　　　D.Word

17.要从一部电影视频中剪取一段,可用的软件是(　　　)。

　A.GoldWave　　　B.Real Player　　　C.超级解霸　　　D.Authorware

18.一同学运用 Photoshop 加工自己的照片,照片未能加工完毕,他准备下次接着做,他最好

将照片保存成(　　)式。

A. SWF　　　　　B. PSD　　　　　C. BMP　　　　　D. GIF

19. 在动画制作中,一般帧速选择为(　　)。

A. 30 帧/秒　　　B. 120 帧/秒　　　C. 90 帧/秒　　　D. 60 帧/秒

20. 位图与矢量图比较,可以看出(　　)。

A. 对于复杂图形,位图比矢量图画对象更快

B. 对于复杂图形,位图比矢量图画对象更慢

C. 位图与矢量图占用空间相同

D. 位图比矢量图占用空间更少

21. 下列多媒体创作工具中(　　)是属于以时间为基础的著作工具:①Micromedia Authorware　②Micromedia Action　③Tool Book　④Micromedia Director

A. ①③　　　　　B. ②④　　　　　C. ①②③　　　　　D. 全部

22. 音频卡不出声,可能的原因是(　　)。

①音频卡没插好　②I/O 地址、IRQ、DMA 冲突　③静音　④噪声干扰

A. ①②　　　　　B. ①②③　　　　　C. 仅①　　　　　D. 全部

23. 多媒体技术的主要特性有(　　)。

①多样性　②集成性　③交互性　④数字化

A. 全部　　　　　B. ①　　　　　C. ①②③　　　　　D. ①②

24. 下列哪种论述是正确的(　　)。

A. 音频卡的分类主要是根据采样的频率来分,频率越高,音质越好

B. 音频卡的分类主要是根据采样信息的压缩比来分,压缩比越大,音质越好

C. 音频卡的分类主要是根据接口功能来分,接口功能越多,音质越好

D. 音频卡的分类主要是根据采样量化的位数来分,位数越高,量化精度越高,音质越好

25. 视频卡的种类很多,主要包括(　　)。

①视频捕获卡　②电影卡　③电视卡　④视频转换卡

A. ②　　　　　B. 全部　　　　　C. ①②③　　　　　D. ①

26. 衡量数据压缩技术性能的重要指标是(　　)。

①压缩比　②算法复杂度　③恢复效果　④标准化

A. 全部　　　　　B. ①③　　　　　C. ①③④　　　　　D. ①②③

27. 下列配置中哪些是 MPC(多媒体计算机)必不可少的(　　)。

①CD-ROM 驱动器　②高质量的音频卡　③高分辨率的图形、图像显示　④高质量的视频采集卡

A. ①　　　　　B. ①②　　　　　C. ①②③　　　　　D. 全部

28. 请根据多媒体的特性判断以下(　　)属于多媒体的范畴。

①彩色画报　②彩色电视　③交互式视频游戏　④有声图书

A. 仅③　　　　　B. ③④　　　　　C. ②③　　　　　D. ②③④

29. (　　)需要使用 MIDI:①想音乐质量更好时　②想连续播放音乐时　③用音乐伴音,而对音乐质量的要求又不是很高时　④没有足够的硬盘存储波形文件时

A. 仅②④　　　　　B. ③　　　　　C. ②③④　　　　　D. ③④

30. 音频卡与 CD-ROM 间的连接线有(　　)。

①音频输入线　②IDE 接口　③跳线　④电源线

    A. 仅①　　　　　　B.②③　　　　　　C.①②③　　　　　　D. 全部

31. 音频卡是按(　　)分类的。

    A. 压缩方式　　　　B. 采样量化位　　　C. 声道数　　　　　D. 采样频率

32. 下列功能(　　)是多媒体创作工具的标准中应具有的功能和特性:①超级连接能力②动画制作与演播　③编程环境　④模块化与面向对象化

    A. ①③　　　　　　B.②④　　　　　　C.①②③　　　　　　D. 全部

33. 要把一台普通的计算机变成多媒体计算机要解决的关键技术是(　　)。

    A. 多媒体数据压缩编码和解码技术　　　B. 视频音频数据的输出技术

    C. 视频音频数据的实时处理和特技　　　D. 视频音频信号的获取

34. 下面为矢量图文件格式的是(　　)。

    A. BMP　　　　　　B. WMF　　　　　C. GIF　　　　　　D. JPG

35. MIDI 音频文件是(　　)。

    A. 是 MP3 的一种格式

    B. 一种采用 PCM 压缩的波形文件

    C. 是一种符号化的音频信号,记录的是一种指令序列

    D. 一种波形文件

36. 多媒体数据具有(　　)特点。

    A. 数据量大和数据类型多

    B. 数据量大、数据类型多、数据类型间区别小、输入和输出不复杂

    C. 数据量大、数据类型多、数据类型间区别大、输入和输出复杂

    D. 数据类型间区别大和数据类型少

37. 以下多媒体创作工具基于传统程序语言的有(　　)。

    A. Action　　　　　B. ToolBook　　　C. HyperCard　　　D. Visual C++

38. 下列要素中(　　)不属于声音的三要素。

    A. 音强　　　　　　B. 音色　　　　　C. 音调　　　　　　D. 音律

39. MIDI 文件中记录的是(　　)。

    ①乐谱　②MIDI 消息和数据　③波形采样　④声道

    A. ①②　　　　　　B. ①②③　　　　C. 仅①　　　　　　D. 全部

40. 下列声音文件格式中,(　　)是波形文件格式:①WAV　②CMF　③VOC　④MID

    A. ①②　　　　　　B. ②③　　　　　C. ①③　　　　　　D. ①④

41. 下列(　　)说法是正确的。

    ①图像都是由一些排成行列的像素组成的,通常称位图或点阵图。

    ②图形是用计算机绘制的画面,也称矢量图。

    ③图像的最大优点是容易进行移动、缩放、旋转和扭曲等变换。

    ④图形文件中只记录生成图的算法和图上的某些特征点,数据量较小。

    A. ①②④　　　　　B. ③④　　　　　C. ①②　　　　　　D. ①②③

42. 用于加工声音的软件是(　　)。

    A. Flash　　　　　　B. Premirer　　　C. Cooledit　　　　D. Winamp

43.1988 年 ITU 制定调幅广播质量的音频压缩标准是（   ）。

  A. G. 722 标准 B. G. 711 标准 C. MPEG   D. MPEG 音频

44. ACDSee 软件的功能是（   ）。

  A. 播放音乐   B. 播放视频   C. 观看图片   D. 浏览网页

45. Authorware 是一种（   ）。

  A. 多媒体演播软件   B. 多媒体素材编辑软件

  C. 多媒体制作工具   D. 不属于以上三种

46. CD-ROM 是指（   ）。

  A. 数字音频   B. 只读存储光盘   C. 交互光盘   D. 可写光盘

47. JPEG 代表的含义（   ）。

  A. 一种视频格式   B. 一种图形格式

  C. 一种网络协议   D. 软件的名称

48. MIDI 音频文件是（   ）。

  A. 一种波形文件

  B. 一种采用 PCM 压缩的波形文件

  C. 是 MP3 的一种格式

  D. 是一种符号化的音频信号,记录的是一种指令序列

49. MP3 代表的含义（   ）。

  A. 一种视频格式   B. 一种音频格式

  C. 一种网络协议   D. 软件的名称

50. Photoshop 里的（   ）可以用作抠图。

  A. 画笔工具   B. 渐变工具

  C. 磁性套索工具   D. 喷枪工具

51. Photoshop 里的（   ）可以用于选取颜色相似区域。

  A. 多边形套索工具   B. 路径工具

  C. 魔棒工具   D. 裁剪工具

52. Photoshop 默认的文件类型是（   ）。

  A. JPEG   B. BMP   C. PPT   D. PSD

53. Premiere 不能处理的文件类型是（   ）。

  A. AVI   B. RM   C. WAV   D. DAT

54. VCD 中的数据文件具有（   ）。

  A. MPEG-2 格式 B. MPEG-1 格式 C. MPEG-4 格式 D. MPEG-7 格式

55. Windows 中使用录音机录制的声音文本的格式是（   ）。

  A. MIDI   B. WAV   C. MP3   D. MOD

56. 创作一个多媒体作品的第一步是（   ）。

  A. 需求分析   B. 修改调试   C. 作品发布   D. 脚本编写

57. 对于 WAV 波形文件和 MIDI 文件,下面（   ）的叙述不正确。

  A. WAV 波形文件比 MIDI 文件的音乐质量高

  B. 存储同样的音乐文件,WAV 波形文件比 MIDI 文件的存储量大

  C. 一般来说,背景音乐用 MIDI 文件,解说用 WAV 文件

D. 一般来说,背景音乐用 WAV 文件,解说用 MIDI 文件

58.根据多媒体计算机标准,在 MPC 系统中不可缺少的最基本的组成部分是(　　)。

    A. 声卡　　　　　　B. CD-ROM　　　　　C. 视频卡　　　　　D. 摄像头

59.关于文件的压缩,以下说法正确的是(　　)。

    A. 文本文件与图形图像都可以采用有损压缩

    B. 文本文件与图形图像都不可以采用有损压缩

    C. 文本文件可以采用有损压缩,图形图像不可以

    D. 图形图像可以采用有损压缩,文本文件不可以

60.衡量数据压缩技术性能的重要指标是(　　)。

    ①压缩比　②算法复杂度　③恢复效果　④标准化

    A.①②　　　　　B.①②③　　　　　C.①③④　　　　　D. 全部

61.某同学要制作关于社会实践活动的一段视频,他可以获得视频素材的途径是(　　)。

    ①用超级解霸截取别人制作的社会实践活动 VCD 光盘片段

    ②从学校的网上资源素材库里下载相关的视频片段

    ③利用数码相机拍摄图片,并通过视频编辑软件编制成视频片段

    ④利用摄像机现场拍

    A.①　　　　　　B.①②　　　　　C.①②③　　　　　D.①②③④

62.摄像头的数据接口一般采用(　　)。

    A. USB　　　　　B. IEEE1394　　　　C. SCSI　　　　　D.9 针串口

63.使用文字处理软件可更快捷和有效地对文本信息进行加工表达,以下属于文本加工软件的是(　　)。

    A. WPS　　　　　　　　　　　B. 搜索引擎

    C. Windows Move Maker　　　　D. IE 浏览器

64.视频加工可以完成以下制作(　　)。

    ①将两个视频片断连在一起　②为影片添加字幕　③为影片另配声音　④为场景中的人物重新设计动作

    A.①②　　　　　B.①③④　　　　　C.①②③　　　　　D.①④

65.吴婷用图像处理软件美化一个人头像时,将眼睛、眉毛、鼻子、嘴巴分别放在 4 个图层修改,为使下次能继续在 4 个图层中单独修改,她在保存作品时应该选择的文件格式为(　　)。

    A. JPG　　　　　B. PSD　　　　　C. GIF　　　　　D. BMP

66.下列关于媒体和多媒体技术描述中正确的是(　　)。

    ①媒体是指表示和传播信息的载体

    ②交互性是多媒体技术的关键特征

    ③多媒体技术是指以计算机为平台综合处理多种媒体信息的技术

    ④多媒体技术要求各种媒体都必须数字化

    ⑤多媒体计算机系统就是有声卡的计算机系统

    A.①③④　　　　B.①②③④　　　　C.②③④⑤　　　　D.①②③④⑤

67.下面不属于文字输入设备的是(　　)。

    A. 键盘　　　　　B. 扫描仪　　　　　C. 鼠标　　　　　D. 手写板

68. 下图为矢量图文件格式的是(　　)。
    A. PNG　　　　　　　B. JPG　　　　　　　C. GIF　　　　　　　D. BMP

69. 想制作一首大约一分半钟的个人单曲,具体步骤是(　　)。
    ①设置电脑的麦克风录音　②在 CoolEdit 软件中录制人声　③从网上搜索伴奏音乐
    ④在 CoolEdit 软件中合成人声与伴奏　⑤在"附件"的"录音机"中录制人声
    A. ①②③④　　　　　B. ③①②④　　　　　C. ①⑤③④　　　　　D. ③①⑤④

70. 要把一台普通的计算机变成多媒体计算机要解决的关键技术是(　　)。
    A. 视频音频信号的获取　　　　　　B. 多媒体数据压缩编码和解码技术
    C. 视频音频数据的实时处理和特技　　D. 视频音频数据的输出技术

71. 要从一部电影视频中剪取一段,可用的软件是(　　)。
    A. Goldwave　　　　B. Realplayer　　　　C. 超级解霸　　　　D. Authorware

72. 要将模拟图像转换为数字图像,正确的做法是(　　)。
    ①屏幕抓图　②用 Photoshop 加工　③用数码相机拍摄　④用扫描仪扫描
    A. ①②　　　　　　　B. ①②③　　　　　　C. ③④　　　　　　　D. 全部

73. 要想提高流媒体文件播放的质量,最有效的措施是(　　)。
    A. 采用宽带网　　　　　　　　　　B. 更换播放器
    C. 用超级解霸　　　　　　　　　　D. 自行转换文件格式

74. 一幅彩色静态图像 RGB,设分辨率为 256×512,每一个像素用 256 色表示,则该彩色静态图像的数据量为(　　)。
    A. 512×512×8bit　　　　　　　　B. 256×512×8bit
    C. 256×256×8bit　　　　　　　　D. 512×512×8×25bit

75. 以下用于三维制作的软件是(　　)。
    A. 3DMax　　　　　　B. Premiere　　　　　C. Photoshop　　　　D. DOOMⅢ

76. 以下属于多媒体技术的是(　　)。
    ①远程教育　②美容院在计算机上模拟美容后的效果　③计算机设计的建筑外观效果图
    ④房地产开发商制作的小区微缩景观模型
    A. ①②　　　　　　　B. ①②③　　　　　　C. ②③④　　　　　　D. 全部

77. 在多媒体课件中,课件能够根据用户答题情况给予正确和错误的回复,突出显示了多媒体技术的(　　)。
    A. 多样性　　　　　　B. 非线性　　　　　　C. 集成性　　　　　　D. 交互性

78. 最基本的多媒体计算机是指安装了(　　)部件的计算机。
    A. 高速 CPU 和高速缓存　　　　　　B. 光盘驱动器和音频卡
    C. 光盘驱动器和视频卡　　　　　　D. 光盘驱动器和 TV 卡

实验 24 局域网的基本设置和使用

【实验目的】

1. 掌握计算机局域网的互连方法；

2. 掌握计算机局域网通信协议的基本设置；

3. 练习在局域网中访问共享的信息资源。

【实验环境】

1. 两台以上通过交换机互连在一起的计算机；

2. Windows XP 中文版。

【实验示例】

操作步骤：

1. 打开控制面板,切换到经典视图,双击"添加硬件",在"添加硬件向导"对话框中,为计算机的网卡安装网卡驱动程序,如图 24.1 所示。

图 24.1 为网卡添加驱动程序

2.打开"本地连接属性"对话框,如图 24.2 所示。在"常规"选项卡里选择"Internet 协议(TCP/IP)",单击"属性"按钮,为计算机配置 TCP/IP 访问协议,设置 IP 地址和子网掩码,如图 24.3 所示。

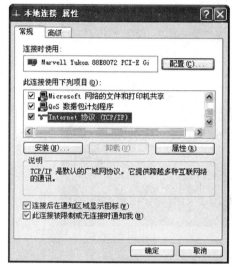
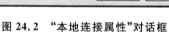
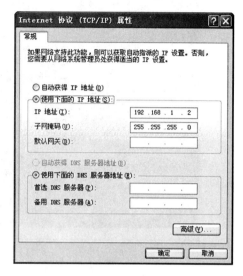

图 24.2 "本地连接属性"对话框 图 24.3 设置 IP 地址和子网掩码

3.查看计算机的主机名和所在工作组。在桌面上右击"我的电脑",选择"属性"命令,打开"系统属性"对话框,在"计算机名"选项卡里查看计算机的主机名和工作组,如图 24.4 所示。

图 24.4 查看计算机主机名和工作组

4.在计算机互连的情况下,通过 ping 命令来测试网络的连通情况。在桌面上单击"开始"菜单→"所有程序"→"附件"→"命令提示符",打开"DOS 命令提示符"窗口,在光标所在位置输入命令 ping 192.168.1.1(另一台计算机 IP 地址)。查看测试结果确保网络连通,如图 24.5 所示。

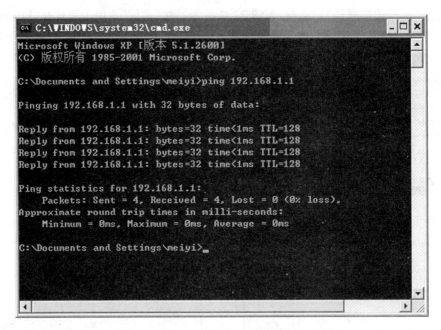

图 24.5　通过 ping 命令测试局域网的连通情况

5.打开"我的电脑",在 C:\下建立一个文件夹,命名为"共享资料"。右击"共享资料"文件夹,选择"共享和安全",打开"共享资料属性"对话框,如图 24.6 所示。在"共享"选项卡里启用"在网络上共享这个文件夹",单击"应用"按钮。此时"共享资料"文件夹出现手形共享标志。如图 24.7 所示。

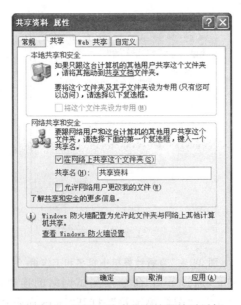

图 24.6　设置文件夹共享的属性对话框

图 24.7　设置共享后的文件夹出现手形标志

6. 通过另一台计算机访问"共享资料"文件夹里的内容。在另一台计算机上右击"网上邻居"→"搜索计算机",打开"搜索计算机"窗口。在"计算机名"文本框里输入要访问的计算机的 IP 地址 192.168.1.2(也可以输入计算机的主机名),单击"搜索"按钮,搜索结果将显示在窗口右半部分中,如图 24.8 所示。双击搜索到的计算机即可访问共享的信息资源,如图24.9 所示。

图 24.8　访问局域网中的计算机

图 24.9　访问"共享资料"文件夹

【实验内容】

1.学生为自己的计算机添加网卡驱动程序(如已经添加好了可以略去此步)。

2.学生两两互为一组对各自的计算机配置 TCP/IP 协议。(注意:IP 地址应该处于同一个网段中且在同一个局域网中不能出现相同的 IP 地址,例如大家都是 192.168.1.X。)

3.学生在各自的计算机中创建一个共享文件夹,通过"网上邻居"相互访问共享资源。

实验 25 Internet 网络信息的浏览和检索

【实验目的】

  1. 练习使用 IE 6.0 浏览 Internet 信息；

  2. 练习 IE 6.0 的基本设置；

  3. 练习保存网页中各种信息的方法；

  4. 练习使用搜索引擎检索网络信息。

【实验环境】

  1. 学生计算机连接到 Internet 网络；

  2. Windows XP 中文版。

【实验示例】

  操作步骤：

  1. 在桌面上双击 IE 6.0 图标，打开 IE 6.0 浏览器窗口，如图 25.1 所示。在地址栏里输入想要访问的网站的域名地址，例如 www. ndkj. com. cn，按回车键后浏览器中将显示南昌大学科学技术学院的网站首页信息，如图 25.2 所示。

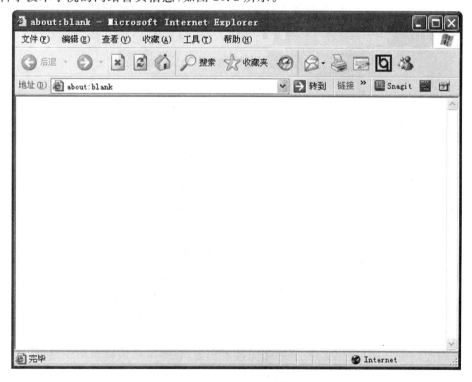

图 25.1　IE 6.0 窗口界面

图 25.2 通过 IE 6.0 浏览指定网站

2. 在打开的浏览器窗口中选择菜单栏"工具"→"Internet 选项",打开"Internet 选项"属性对话框,把当前网站的域名地址设置为主页,如图 25.3 所示。

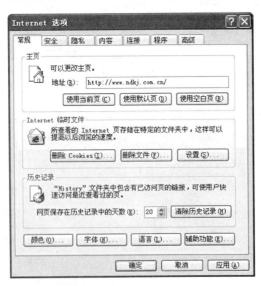

图 25.3 把指定网页设为主页

3. 在当前网页上通过把鼠标移到一张图片上右击,在弹出的快捷菜单中选择"图片另存为",存储路径选为本地计算机的 C:\myweb\,如图 25.4 所示。

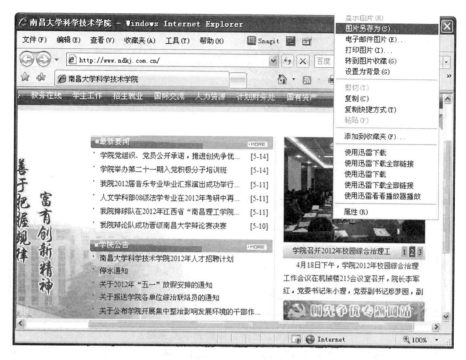

图 25.4 保存网页中的一张图片

4.在浏览器窗口中选择"文件"→"另存为",将整个网页保存到 C:\myweb\,如图 25.5 所示。

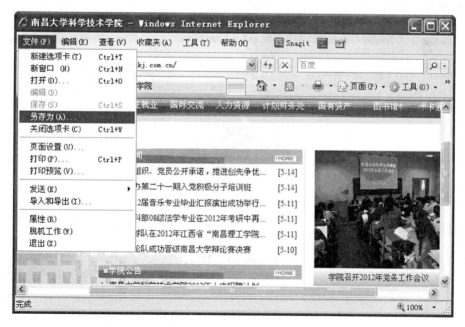

图 25.5 保存整个网页

5.在浏览器窗口中选择"收藏"→"添加到收藏夹",如图 25.6 所示。把当前网站添加到收藏夹里,方便下次直接从收藏夹中打开该网站。

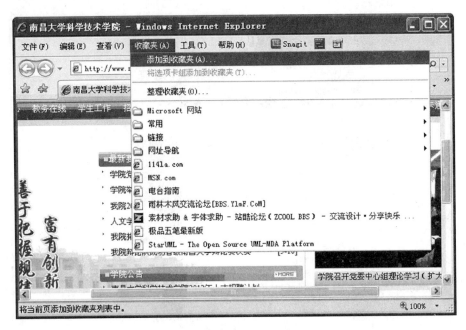

图 25.6 把网站添加到收藏夹里

6. 打开 IE 6.0 浏览器,在地址栏输入 www.baidu.com,如图 25.7 所示。在搜索的文本框里,输入搜索关键字"南昌大学科学技术学院",然后单击"百度一下"按钮,在页面中将会出现所有与"南昌大学科学技术学院"相关的网页地址列表。单击每个列表项都能打开相应的网站,如图 25.8 所示。

图 25.7 打开百度搜索网站

图 25.8　利用百度搜索引擎检索网络信息

【实验内容】

1. 打开 IE 6.0，在地址栏中输入 http://www.ncu.edu.cn/，打开南昌大学的网站。

2. 将南昌大学的网站设置为主页。

3. 在南昌大学网站的首页里选择一张图片保存到本地计算机中的 c:\myweb 文件夹里。

4. 把南昌大学网站的首页完整地保存到 c:\myweb 文件夹里。

5. 把南昌大学网站放到 IE 6.0 的收藏夹内收藏。

6. 打开 www.google.com 搜索网站，输入搜索关键字"南昌大学"，检索有关"南昌大学"的所有信息。

实验 26　使用 Outlook Express 收发邮件

【实验目的】

1. 练习在 Outlook Express 中设置邮件账户；
2. 练习使用 Outlook Express 创建新邮件；
3. 练习使用 Outlook Express 发送和接收邮件。

【实验环境】

1. 学生计算机连接到 Internet 网络；
2. Windows XP 中文版。

【实验示例】

操作步骤：

1. 在桌面上单击"开始"菜单→"所有程序"→"Outlook Express"，打开 Outlook Express 软件，如图 26.1 所示。

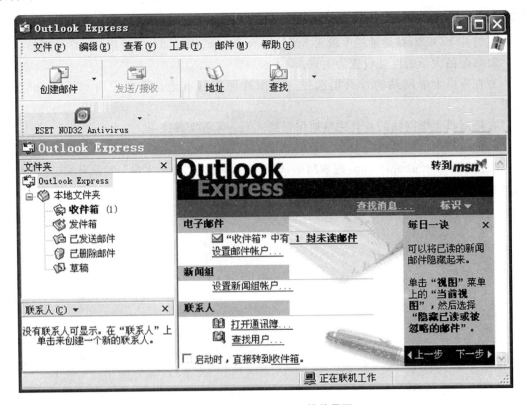

图 26.1　Outlook Express 软件界面

2. 第一次使用 Outlook Express 时，需要设置自己的邮件账户信息，在打开的 Outlook

Express中,单击菜单栏"工具"→"账户",弹出"Internet 账户"对话框,如图 26.2 所示。

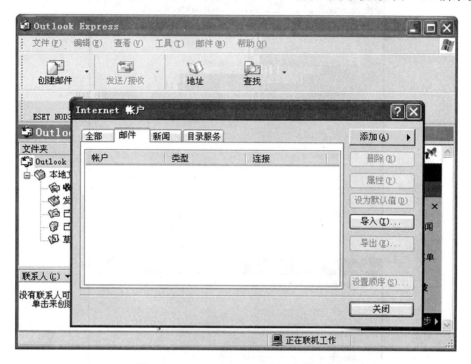

图 26.2　Outlook Express 设置邮件账户

3.在"Internet 账户"对话框中选择"邮件"选项卡,单击"添加"按钮,选择"邮件",开始配置自己的邮件账户,包括 ISP 提供的 POP3 和 SMTP 服务器域名、电子邮箱的地址以及用户名和邮箱密码等相关信息,如图 26.3、图 26.4、图 26.5、图 26.6 所示。

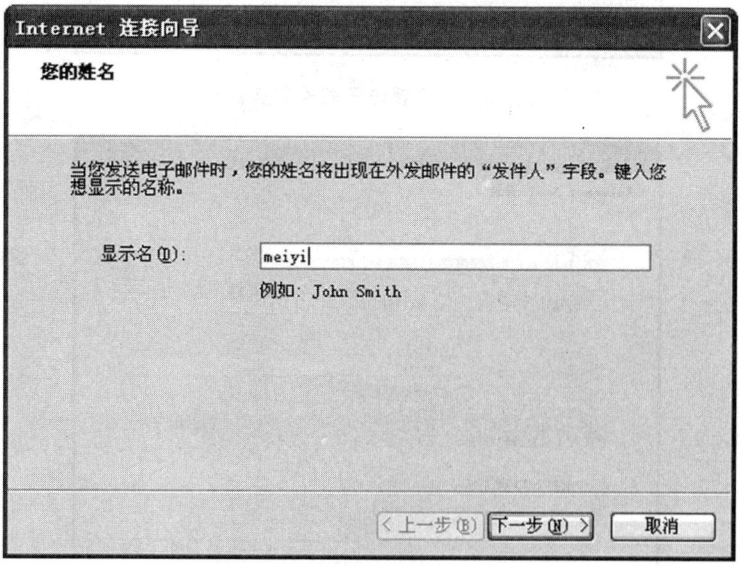

图 26.3　设置邮件账户用户名

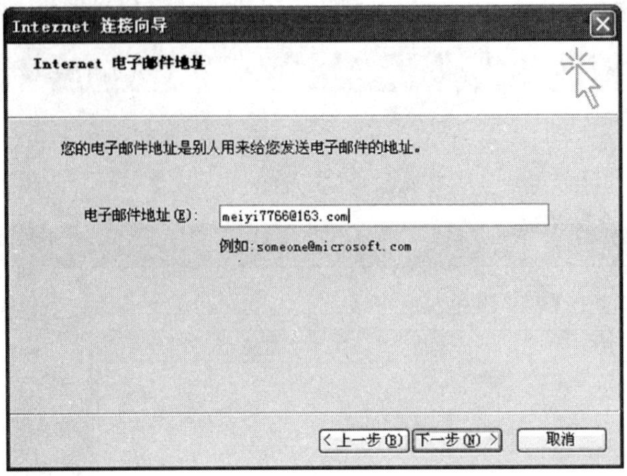

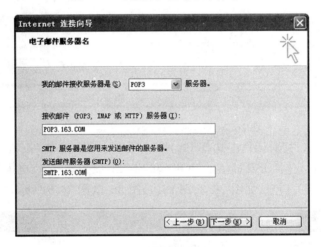

图 26.4　设置账户的电子邮件地址

图 26.5　设置电子邮件服务器名

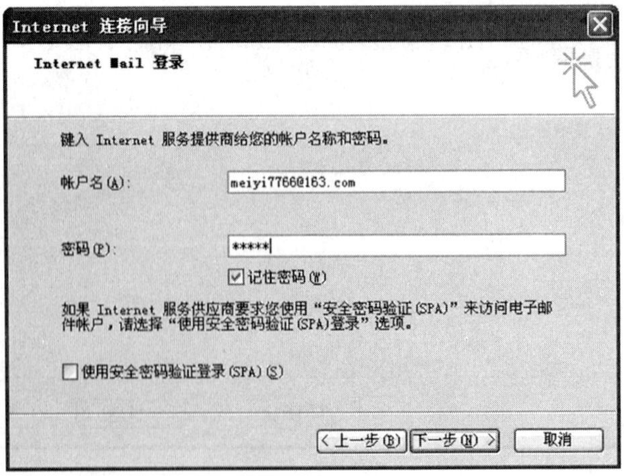

图 26.6　设置 Internet Mail 登录信息

4.配置好邮件账户后,单击"关闭"按钮,关闭"Internet 账户"对话框,同时邮件的账户信息被保存在 Outlook Express 中,如图 26.7 所示。

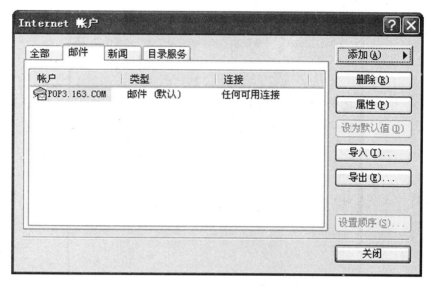

图 26.7 完成邮件账户设置

5.在 Outlook Express 窗口中单击工具栏的"创建邮件"按钮,打开新邮件的撰写窗口,如图 26.8 所示。

图 26.8 新邮件的撰写窗口

6.在"收件人"框中输入收件人的邮件地址,若希望同时发送给多人,可在收件人框中输入多个邮件地址,用逗号(",")分隔。在"抄送"框中可输入要抄送人的邮件地址。在"主题"

框中输入邮件主题,该主题是在收件人收到邮件后,直接在邮件列表中不需要打开邮件即可看见,如图 26.9 所示。

图 26.9 书写新的邮件

7. 在发送邮件时,如果还有其他的文件,不能通过邮件正文的方式发送时,可通过附件的方式发送给对方。单击工具栏上的"附件"按钮,在打开的"插入附件"对话框中,单击要作为附件的文件。单击"附件"按钮,回到邮件的撰写窗口。同时插入的附件均显示在"附件"框中,如图 26.10 所示。

图 26.10 在邮件中添加附件

8.单击工具栏上的"发送"按钮,只要计算机连接在 Internet 网络上,就可以完成邮件的发送。

9.如果要查看是否有电子邮件,则单击工具栏上的"发送/接收"按钮,这时就会从自己设置好的邮件账户里接收别人发送来的电子邮件,如图 26.11 所示。单击左边"收件箱"按钮,在右边的邮件列表中双击要阅读的邮件,即可打开阅读邮件,如图 26.12 所示。

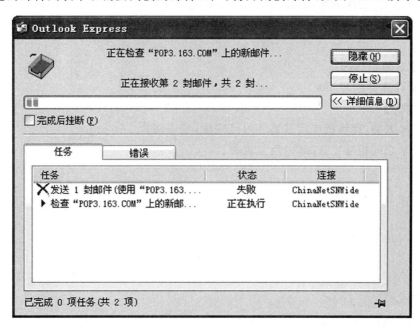

图 26.11　接收邮件

图 26.12　阅读邮件

127

【实验内容】

1. 首先在网易网站申请一个免费的邮箱(操作见课本)。

2. 打开 Outlook Express,根据自己申请的邮箱配置 Outlook Express 邮件账户。

3. 在 Outlook Express 窗口中单击工具栏的"创建邮件"按钮,打开新邮件的撰写窗口。写一封信给你们的任课老师,并以附件的形式把做好的练习文档发送给老师。格式如下:

【收件人】meiyi7766@163.com(视具体老师的邮箱地址而定)

【抄送】

【主题】计算机练习

【附件】计算机练习.doc

【邮件内容】

×××老师:计算机应用基础练习已完成,请审阅。

4. 在同学之间相互发送邮件,反复练习。

实验 27 Internet 网络资源的下载

【实验目的】

1.练习直接在 IE 6.0 中下载 Internet 网络中的信息资源；

2.练习使用迅雷软件下载 Internet 网络中的信息资源。

【实验环境】

1.学生计算机连接到 Internet 网络；

2.Windows XP 中文版。

【实验示例】

操作步骤：

1.在桌面上单击 IE 6.0 图标，打开 IE 6.0 窗口。在地址栏里输入 http://www. xunlei. com/，打开"迅雷"网站。找到迅雷 5 下载链接。单击本地链接，弹出文件下载对话框，如图 27.1 所示。

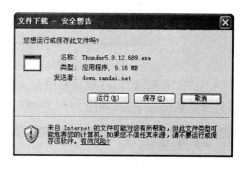

2.选择下载保存路径为 C:\download。下载完成后在该目录里找到 Thunder5.8.exe 这个下载好的迅雷安装文件，双击弹出迅雷安装向导，根据提示选择好安装路径就可以完成软件的安装。如图 27.2 所示。

图 27.1　文件下载对话框

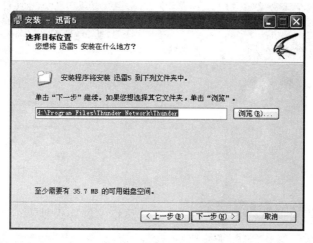

图 27.2　迅雷软件安装向导对话框

3.依次单击"开始"→"所有程序"→"迅雷"，打开迅雷软件界面，如图 27.3 所示。在工具栏中单击"配置"按钮，在弹出的"配置"对话框中选择"类别/目录"，修改下载保存目录（一般选为磁盘空间较大的分区),如图 27.3 所示。

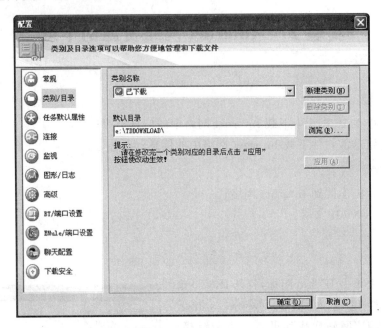

图 27.3　迅雷下载默认目录配置对话框

4. 打开 IE 浏览器,在地址栏中输入 www.qq.com,打开腾讯网站,找到 QQ 软件下载链接,打开下载链接页面,如图 27.4 所示。

图 27.4　腾讯 QQ 下载页面

5. 单击"立即下载"按钮,弹出"迅雷建立新的下载任务"对话框,如图 27.5 所示。确定存储路径后,单击"立即下载"按钮,即可完成下载。

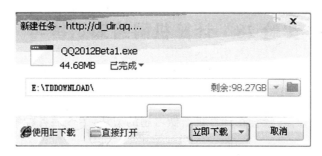

图 27.5 使用迅雷下载腾讯 QQ 软件

【实验内容】

1.首先打开 http://www. xunlei. com/网站,找到"下载迅雷"链接。在 IE 浏览器中直接下载该软件到 C:\download 目录中(请先在 C:\下创建该目录)。

2.安装运行"迅雷"软件,设置好下载目录。

3.打开 IE 浏览器,在地址栏中输入 mp3. baidu. com,打开百度的音乐搜索引擎。在搜索文本框中输入"最炫民族风",单击"百度一下"按钮,在搜索结果列表中任意选择一项,单击连接,通过迅雷软件把这首歌下载到本地计算机的 C:\mymusic 目录里(请先在 C:\盘下创建该目录)。

4.在 IE 浏览器中,通过其他搜索网站,搜索自己想要的信息资源。通过迅雷软件下载到本地机器中的指定目录里。反复练习,以便今后能熟练使用。

实验 28　计算机网络知识练习

【实验目的】

掌握本章的基础知识,学会在计算机上做习题的方法,为今后各种考核做准备。

【实验环境】

1. Windows XP 中文版;

2. 接入 Internet 网络的计算机。

【实验方法】

把老师给的"计算机网络"知识试题的 Word 文档复制到自己工作计算机上,打开该文档,仔细阅读每道题目,把每题的正确答案填写到该题目中的括号中。做完后保存好自己的文档(用 U 盘保存),堂课最后 10 分钟再与老师给的参考答案核对,修改后保存。

【实验内容】

计算机网络知识习题试题

单选题

1. 拨号网络中需要 Modem 是因为(　　　)。

　　A. 可以拨号　　　　　　　　　　　B. 可以实现语音通信

　　C. 计算机不能接收模拟信号　　　　D. 接收和发送需要信号转换

2. 在 WWW 服务中,用户的信息检索可以从一台 Web 服务器自动搜索到另一台 Web 服务器,所用的技术是(　　　)。

　　A. Hyper Media　　　　　　　　　　B. HTML

　　C. Hyper Text　　　　　　　　　　D. Hyper Link

3. 如果想要连接到一个 WWW 站点,应当以(　　　)开头来书写统一资源定位器。

　　A. shttp://　　　　B. http:s//　　　　C. http://　　　　D. HTTPS://

4. 如果电子邮件到达时,你的计算机没有开机,那么电子邮件将(　　　)。

　　A. 退回给发件人　　　　　　　　　B. 永远不再发送

　　C. 保存在服务商的主机上　　　　　D. 过一会儿对方重新发送

5. 一个家庭用户要办理加入 Internet 手续,应找(　　　)。

　　A. ICP　　　　　　B. CNNIC　　　　C. ISP　　　　　D. ASP

6. 为了能在网络上正确地传送信息,制定了一整套关于传输顺序、格式、内容和方式的约定,称之为(　　　)。

　　A. OSI 参考模型　　　　　　　　　B. 网络操作系统

　　C. 通信协议　　　　　　　　　　　D. 网络通信软件

7. 下列属于微机网络所特有的设备是( )。

    A. 显示器   B. 服务器   C. 鼠标   D. UPS 电源

8. 如果要在新窗口中打开某个超链接,可以右击该超链接,然后在弹出的快捷菜单中选择( )命令。

    A. 打开   B. 打印链接

    C. 在新窗口中打开   D. 目标另存为

9. 互联网络的基本含义是( )。

    A. 国内计算机与国际计算机互联   B. 计算机与计算机网络互联

    C. 计算机与计算机互联   D. 计算机网络与计算机网络互联

10. 调制解调器(Modem)的功能是实现( )。

    A. 数字信号的编码   B. 数字信号的整形

    C. 模拟信号的放大   D. 模拟信号与数字信号的转换

11. http 是一种( )。

    A. 高级程序设计语言   B. 超文本传输协议

    C. 网址   D. 域名

12. 计算机网络最突出的优点是( )。

    A. 运算速度快   B. 运算精度高

    C. 存储容量大   D. 资源共享

13. 目前,一台计算机要连入 Internet,必须安装的硬件是( )。

    A. 网络操作系统   B. WWW 浏览器

    C. 网络查询工具   D. 调制解调器或网卡

14. 从 www. uste. edu. cn 可以看出,它是中国的一个( )的站点。

    A. 教育部门   B. 军事部门   C. 政府部门   D. 工商部门

15. 互联网络上的服务都是基于一种协议,WWW 服务基于( )协议。

    A. Telnet   B. SMIP   C. SNMP   D. HTTP

16. Internet 的通信协议是( )。

    A. CSMA   B. CSMA/CD   C. X. 25   D. TCP/IP

17. "E-mail"一词是指( )。

    A. 电子邮件   B. 一种新的操作系统

    C. 一种新的字处理软件   D. 一种新的数据库软件

18. 最早出现的计算机网是( )。

    A. Internet   B. Ethernet   C. Bitnet   D. ARPANET

19. 为了保证全网的正确通信,Internet 为联网的每个网络和每台主机都分配了唯一的地址,该地址由 32 位二进制数组成,并每隔 8 位用小数点分隔,将它称为( )。

    A. IP 地址   B. WWW 服务器地址

    C. TCP 地址   D. WWW 客户机地址

20. 局域网的拓扑结构是( )。

    A. 环型   B. 星型   C. 总线型   D. 以上都可以

21. 为网络提供共享资源并对这些资源进行管理的计算机称为（　　　）。

    A. 网桥　　　　　　B. 网卡　　　　　　C. 工作站　　　　　　D. 服务器

22. 已知接入 Internet 网的计算机用户名为 Xinhua,而连接的服务商主机名为 public. tpt. fj. cn,相应的 E-mail 地址应为（　　　）。

    A. Xinhua. public. @tpt. fj. cn　　　　　　B. Xinhua. public. tpt. fj. cn

    C. Public. tpt. fj. cn@Xinhu　　　　　　D. Xinhua@public. tpt. fj. cn

23. 在我国 Internet 的中文名是（　　　）。

    A. 邮电通信网　　　　　　　　　　B. 因特网

    C. 数据通信网　　　　　　　　　　D. 局域网

24. TCP/IP 协议是 Internet 中计算机之间进行通信时必须共同遵循的一种（　　　）。

    A. 通信规则　　　　B. 信息资源　　　　C. 软件系统　　　　D. 硬件系统

25. 计算机网络是计算机与（　　　）结合的产物。

    A. 电话　　　　　　B. 线路　　　　　　C. 各种协议　　　　D. 通信技术

26. www. sina. com. cn 不是 IP 地址,而是（　　　）。

    A. 上网密码　　　　B. 域名　　　　　　C. 网站标题　　　　D. 网站编号

27. 个人或企业不能直接接入 Internet,只能通过（　　　）来接入 Internet。

    A. ICP　　　　　　B. ASP　　　　　　C. IAP　　　　　　D. ISP

28. 下列 4 项中,合法的 IP 地址是（　　　）。

    A. 190. 220. 5　　　　　　　　　　B. 206. 53. 3. 78

    C. 206. 53. 312. 78　　　　　　　　D. 123. 43. 82. 220

29. 用户要想在网上查询 WWW 信息,必须安装并运行一个被称为（　　　）的软件。

    A. HTTP　　　　　B. Yahoo　　　　　C. 浏览器　　　　　D. 万维网

30. 下列 4 项中,合法的电子邮件地址是（　　　）。

    A. wang-em. hxing. com. cn　　　　　　B. wang@em. hxing. com. cn

    C. em. hxing. com. cn-wang　　　　　　D. em. hxing. com. cn@wang

31. 下列有关因特网的叙述,（　　　）的说法是错误的。

    A. 因特网是国际计算机互联网

    B. 因特网是计算机网络的网络

    C. 因特网上提供了多种信息网络系统

    D. 万维网就是因特网

32. 下列有关因特网历史的叙述中,（　　　）是错误的。

    A. 因特网由美国国防部资助并建立在军事部门

    B. 因特网诞生于是 1969 年

    C. 因特网最早的名字叫阿帕网

    D. 因特网由美国国防部资助但建立在 4 所大学和研究所

33. 某台主机属于中国电信系统,其域名应以（　　　）结尾。

    A. com. cn　　　　B. com　　　　　　C. net. cn　　　　　D. net

34. 为了保证提供服务,因特网上的任何一台物理服务器( )。
    A. 不能具有多个域名　　　　　　　B. 必须具有唯一的 IP 地址
    C. 只能提供一种信息服务　　　　　D. 必须具有计算机名

35. 在 WWW 网页上有一些特殊的图形或文字,单击它们就可以看到相关内容,这类图形或文字称为( )。
    A. 超链接　　　　　B. 文本　　　　　C. 背景　　　　　D. 媒介

36. 在电子邮件中用户( )。
    A. 可以传送任意大小的多媒体文件
    B. 可以同时传送文本和多媒体信息
    C. 只可以传送文本信息
    D. 不能附加任何文件

37. 电子邮件地址的基本结构为:用户名@( )。
    A. SMTP 服务器 IP 地址　　　　　B. POP3 服务器域名
    C. POP3 服务器 IP 地址　　　　　D. SMTP 服务器域名

38. 在 Outlook Express 电子邮件软件包的"撰写邮件"窗口的"邮件头"窗格中的"收件人"文本输入框用于输入收件人的( )。
    A. 姓名　　　　　　　　　　　　　B. 单位名称
    C. 电子信箱地址　　　　　　　　　D. 家庭地址

39. 如果要用 Outlook Express 收发邮件,首先要创建自己的电子邮件( )。
    A. 站点　　　　　B. 账号　　　　　C. 页面　　　　　D. 软件

40. 在电子邮件中,声音与图像文件一般不与邮件正文内容一同显示出来,而是通过( )来发送。
    A. 发件人　　　　　B. 附件　　　　　C. 正文　　　　　D. 标题

41. 在发送新邮件时,除了发件人之外,只有( )是必须要填写的。
    A. 主题　　　　　B. 附件　　　　　C. 收件人地址　　　　　D. 抄送

42. Microsoft Office 2003 中自带的收发电子邮件的软件名称是( )。
    A. Foxmail　　　　　　　　　　　B. Outlook 2003
    C. Access 2003　　　　　　　　　D. Frontpag 2003

43. 在浏览网页时,可下载自己喜欢的信息是( )。
    A. 图片　　　　　　　　　　　　　B. 以上信息都可以
    C. 声音和影视文件　　　　　　　　D. 文本

44. 如果要将电子邮件发送给两个人,可在收件人处填写其中一人的邮件地址,在( )处填写另一个人的邮件地址。
    A. 发件人　　　　　B. 收件人　　　　　C. 抄送　　　　　D. 主题

45. 下列 4 项里,( )是因特网的最高层域名。
    A. cn　　　　　B. www　　　　　C. edu　　　　　D. gov

46. 因特网是属于( )所有。
    A. 世界各国共同　　　　　　　　　B. 美国政府
    C. 联合国　　　　　　　　　　　　D. 中国政府

47. 电子信函（电子邮件）的特点之一是(　　　)。

    A. 在通信双方的计算机都开机工作的情况下即可快速传递数字信息

    B. 在通信双方的计算机之间建立起直接的通信线路后即可快速传递数字信息

    C. 比邮政信函，电报，电话，传真都更快

    D. 采用存储—转发方式在网络上逐步传递数据信息,不像电话那样直接、即时,但费用低廉

48. 利用电子邮件发出的信函是(　　　)。

    A. 直接输送到收信人的计算机硬盘中

    B. 输送到目的地主机的 E-mail 信箱

    C. 直接输送到收信人附近的邮局

    D. 由收到的电信局直接转交给收件人

49. 网上"黑客"是指(　　　)的人。

    A. 在网上私闯他人计算机系统　　　　　B. 匿名上网

    C. 总在晚上上网　　　　　　　　　　　D. 不花钱上网

50. 计算机通过电话线上因特网,必须要配置的一个设备是(　　　)。

    A. 声卡　　　　　　　　　　　　　　　B. 中央处理器

    C. 调制解调器　　　　　　　　　　　　D. 主板

51. 若网络形状是由站点和连接站点的链路组成的一个闭合环,则称这种拓扑结构为(　　　)。

    A. 星型拓扑　　　　B. 环型拓扑　　　　C. 树型拓扑　　　　D. 总线拓扑

52. 著名的国产办公套件是(　　　)。

    A. WPS Office　　　　B. Lotus 2000　　　　C. MS Office　　　　D. Corel 2000

53. 判断下面(　　　)是正确的。

    A. IP 地址与主机名是一一对应的

    B. Internet 中的一台主机只能有一个 IP 地址

    C. Internet 中的一台主机只能有一个主机名

    D. 一个合法的 IP 地址在一个时刻只能分配给一台主机

54. 下面(　　　)是有效的 IP 地址。

    A. 202. 280. 130. 45　　　　　　　　　B. 130. 192. 290. 45

    C. 192. 202. 130. 45　　　　　　　　　D. 280. 192. 33. 45

55. 关于防火墙的功能,以下(　　　)是错误的。

    A. 防火墙可以检查进出内部网的通信量

    B. 防火墙可以使用过滤技术在网络层对数据包进行选择

    C. 防火墙可以阻止来自内部的威胁和攻击

    D. 防火墙可以使用应用网关技术在应用层上建立协议过滤和转发功能

56. http 是(　　　)的英文缩写。

    A. 超文本传输协议　　　　　　　　　　B. 高级语言

    C. 服务器名称　　　　　　　　　　　　D. 域名

57. 地址"ftp://218.0.0.123"中的"ftp"是指（　　　）。

    A. 协议　　　　　B. 网址　　　　　　C. 新闻组　　　　　　D. 邮件信箱

58. 下列选项中不属于计算机网络通信协议的是（　　　）。

    A. ROM／RAM　　B. NetBEUI　　　C. IPX/SPX　　　　　D. TCP/IP

59. 通常所说的计算机"黑客"一般指（　　　）。

    A. 文字输入速度很快的人

    B. 编写软件水平很高的人

    C. 经著作权人同意而复制其软件的人

    D. 非法获取网络系统口令并非法进入计算机网络系统的人

60. 在因特网域名中,edu通常表示（　　　）。

    A. 商业组织　　　B. 教育机构　　　　C. 政府部门　　　　　D. 军事部门

61. 在以下商务活动中,（　　　）属于电子商务的范畴。Ⅰ.网上购物　Ⅱ.电子支付　Ⅲ.在线谈判　Ⅳ.利用电子邮件进行广告宣传

    A. Ⅰ、Ⅱ、Ⅲ和Ⅳ　　　　　　　　　B. Ⅰ、Ⅲ和Ⅳ

    C. Ⅰ和Ⅲ　　　　　　　　　　　　D. Ⅰ、Ⅱ和Ⅲ

62. 计算机中直接处理信息的核心部件是（　　　）。

    A. 资源管理器　　　　　　　　　　B. 网页浏览器

    C. 中央处理器　　　　　　　　　　D. 媒体播放器

63. 统一资源定位器URL的格式是（　　　）。

    A. 协议://IP地址或域名/路径/文件名　B. 协议://路径/文件名

    C. TCP/IP协议　　　　　　　　　　D.　http协议

64. 电子邮件地址一般的格式是（　　　）。

    A. 用户名@域名　　　　　　　　　B. 域名@用户名

    C. IP@域名　　　　　　　　　　　D. 域名@IP

65. 我们在网页中插入图片通常是使用压缩比高的格式图片,采用的格式是（　　　）。

    A. MID和DAT　　　　　　　　　　B. AVI和WMV

    C. GIF和JPG　　　　　　　　　　D. AVI和MPG

66. 我们平常所说的Internet是（　　　）网。

    A. 局域网　　　　B. 远程网　　　　　C. 广域网　　　　　　D. 都不是

67. 计算机网络增强了个人计算机的许多功能,但目前仍办不到（　　　）。

    A. 银行和企业间传送数据、账单

    B. 提高可靠性和可用性

    C. 资源共享和相互通信

    D. 杜绝计算机病毒感染

68. 计算机网络最突出的优点是（　　　）。

    A. 内存容量大　　　　　　　　　　B. 精确度高

    C. 运算速度快　　　　　　　　　　D. 共享资源

69. 在计算机网络中,为了使计算机或终端之间能够正确传送信息,必须按照（　　　）来相互

通信。

    A. 网络协议   B. 网卡

    C. 信息交换方式   D. 传输装置

70. 要守护办公大楼或是住房的安全,我们会先安上防盗门,那么在要保护网络安全,将不速之客拒之门外,我们可以为计算机装上(　　)。

    A. 网络协议   B. 网卡   C. 防火墙   D. 杀毒软件

71. 计算机病毒主要是通过(　　)传播的。

    A. 人体   B. 磁盘与网络

    C. 微型物"病毒体"   D. 电源

72. 以下(　　)属于因特网服务。

    A. WWW 服务   B. BBS

    C. 电子邮件服务   D. 以上都是

73. 有一网站的网址为:https://ea.hainan.gov.cn,则可知这个是一个(　　)网站。

    A. 科研机构   B. 教育机构

    C. 工、商、金融等行业   D. 政府部门

74. 为了防止计算机病毒的感染,应该做到(　　)。

    A. 不把无病毒的软盘和来历不明的软盘放在一起

    B. 长期不用的软盘要经常格式化

    C. 不要复制来历不明的软盘上的文件

    D. 软盘上的文件要经常复制

75. 网络上的"黑客"必须受到法律的制裁,是因为"黑客"(　　)。

    A. 过多地上因特网

    B. 用非法手段窃取别人的资源,扰乱网络的正常运行

    C. 相互交流

    D. 合作与互动

76. 一个中学生在计算机网络上必须做到(　　)。

    A. 要学会寻找和进入人家的资料档案库

    B. 要学会如何利用有价值的信息源来学习和发展自己

    C. 在 Internet 上要随意发表各种言论,言无不尽

    D. 要帮助其他同学,让自己买来的软件安装到朋友的机器上用

77. 下面说法正确的是(　　)。

    A. 计算机内部可以使用数字信号也可以使用模拟信号

    B. 当前在因特网中的 IP 地址是无限

    C. 在因特网中可以有两个相同的域名存在

    D. 教育机构的域名类别一般是 edu 域名

78. 以下关于网络的说法错误的是(　　)。

    A. 计算机网络有数据通信、资源共享和分布处理等功能

    B. 将两台计算机用网线连在一起就是一个网络

C. 网络按覆盖范围可以分为 LAN 和 WAN

D. 上网时我们享受的服务是由各种服务器提供的

79. 下列域名格式中,( )是不正确的。

　　A. www. edu_haha. com　　　　　　　B. www. 37213. com. cn

　　C. www. hahahaha. net　　　　　　　D. ww1. 0898. net

80. 在上互联网的时候,需要一个网络服务商提供网络的连接,它称为( )。

　　A. ASP　　　　　B. ICP　　　　　C. ISP　　　　　D. PHP

81. 若网络形状是由站点和连接站点的链路组成的一个闭合环,则称这种拓扑结构为( )。

　　A. 星型拓扑　　　B. 总线拓扑　　　C. 环型拓扑　　　D. 树型拓扑

82. 以下( )不是上互联网所必须的。

　　A. 网关　　　　　B. IP 地址　　　　C. 子网掩码　　　D. 工作组

83. 以下设备,哪一项不是计算机网络连接设备( )。

　　A. 网卡　　　　　B. 路由器　　　　C. 电视盒　　　　D. 交换机

84. 小明在家里用 C 类地址组建了一个 3 台计算机的局域网,其中一台计算机的 IP 地址可能为( )。

　　A. 202. 100. 134. 12　　　　　　　　B. 192. 168. 0. 13

　　C. 192. 168. 265. 34　　　　　　　　D. 120. 100. 1. 12

85. 利用( ),计算机可以通过有线电视网与 Internet 相连。

　　A. Modem　　　B. Cablemodem　　C. ISDN　　　　D. 电话线

86. 使用"网络即时聊天"一般必须要安装的应用软件是( )。

　　A. QQ　　　　　B. Office 2003　　C. Outlook Express　D. IE

87. 国内一家高校要建立 WWW 网站,其域名的后缀应该是( )。

　　A. com　　　　　B. edu　　　　　C. cn　　　　　D. ac

88. 某人想要在电子邮件中传送一个文件,他可以借助( )。

　　A. FTP　　　　　　　　　　　　　　B. Telnet

　　C. WWW　　　　　　　　　　　　　D. 电子邮件中的附件功能

89. 要订阅 Internet 上的 Maillisting,需填入( )。

　　A. 域名地址　　　　　　　　　　　　B. IP 地址

　　C. 用户名　　　　　　　　　　　　　D. 电子邮件地址

90. 下列不是用于网络互联设备的是( )。

　　A. 网桥　　　　　B. 路由器　　　　C. 交换机　　　　D. 网关

实验 29 Word 案例综合练习

【实验目的】

1. 学会利用 Word 2003 进行图文混排的实际操作方法,本实验指导主要学会文本、艺术字、剪贴画、文本框的混排方法,特别要学会设置文本框(图文框、图片等)的环绕方法;

2. 学会利用 Word 2003 进行表格绘制和数据统计的实际操作方法,根据实际内容,正确绘制表格并对表格中数据做简单统计。

【实验环境】

1. Windows XP 中文版;
2. Word 2003 中文版。

【实验示例】

1. 在 Word 2003 中制作一份电子板报,内容如下:

基督教徒的盛节——圣诞节

圣诞节(Christmas Day)这个名称是"基督恺撒"的缩写。中国除大陆地区外基本翻译为"耶诞节",是比较准确的翻译。基督徒庆祝其信仰的耶稣基督诞生的庆祝日,圣诞节的庆祝与基督教同时产生,被推测始于西元 1 世纪。现在把 12 月 24 日到第二年的 1 月 6 日定为圣诞节节期(Christmas Tide),各地教会可根据当地具体情况在这段节期之内庆祝圣诞节。

节日习俗

圣诞习俗数量众多,包括世俗、宗教、国家、圣诞,国与国之间差别很大。大部分人熟悉的圣诞符号及活动,如圣诞树、圣诞火腿、圣诞柴、冬青、槲寄生以及互赠礼物,都是基督教传教士从早期 Asatru 异教的冬至假日 Yule 里吸收而来。圣诞树被认为最早出现在德国。

自从圣诞庆祝习俗在北欧流行后,结合着北半球冬季的圣诞装饰和圣诞老人神话出现了。

圣诞树

圣诞树(Christmas tree)是圣诞节庆祝中最有名的传统之一。通常人们在圣诞前后把一棵常绿植物如松树弄进屋里或者在户外,并用圣诞灯和彩色的装饰物装饰,并把一个天使或星星放在树的顶上。

用灯烛和装饰品把枞树或洋松装点起来的常青树,作为圣诞节庆祝活动的一部分。近代圣诞树起源于德国。德国人于每年 12 月 24 日,即亚当和夏娃节,在家里布置一株枞树(伊甸园之树),将薄饼干挂在上面,圣饼(基督徒赎罪的标记)。近代改用各式小甜饼代替圣饼,还常加上象微基督的蜡烛。此外,室内还设有圣诞塔,是一木质的三角形结构,上有许多小架格放置基督雕像,塔身饰以常青树枝叶、蜡烛和一颗星。到 16 世纪,圣诞塔和伊甸园树合并为圣诞树。

圣诞卡

圣诞卡(圣诞卡片)在美国和欧洲很流行,也是为维持远方亲朋好友关系的方式之一。许多家庭随贺卡带上年度家庭合照或家庭新闻,新闻一般包括家庭成员在过去一年的优点、特长等内容。

最终结果如图 29.1 所示。

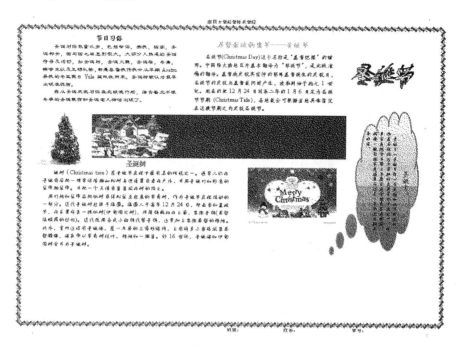

图 29.1　圣诞节电子板报图

操作步骤：

第一步：设置页边距，设置页面方向为横向

页面设置：单击"文件"→"页面设置"，在弹出对话框中设计上、下、左、右页边距及纸张方向，在"纸张"选项卡中设置纸型为 A4（如图 29.2、图 29.3 所示）

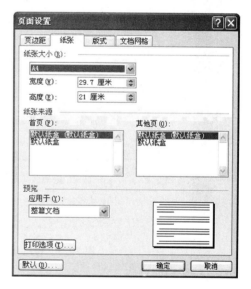

图 29.2　页边距设置　　　　　**图 29.3　页面纸张类型设置**

第二步:利用文本框输入文字

输入文本框(单击"插入"→"文本框",或使用绘图工具栏上的按钮);

移动文本框到相应位置(选定文本框,光标放在边框处,箭头成黑十字时拖拽);

改变文本框到合适大小(选定文本框,光标放在边框的白点上成双向箭头时拖拽);

设置文本框格式(选定文本框,右击文本框边线→设置文本框格式,其中颜色和线条设置如图 29.4 所示);

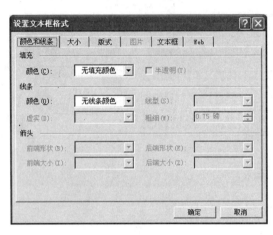

图 29.4 文本框设置

在创建好的 Word 文档中合适的位置上插入若干文本框并在其中输入文字;完成文字输入后,板报被排版成如图 29.5 所示。

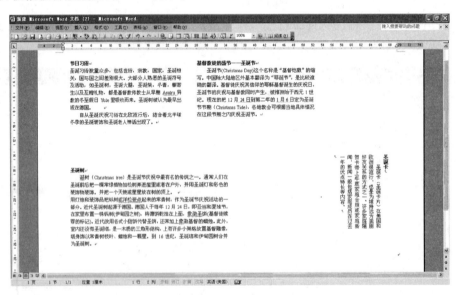

图 29.5 利用文本框输入文字效果图

第三步:文档的排版

(1)字体、段落设置。

基督教徒的盛节——圣诞节:标题方正舒体,四号,加粗,玫瑰红,居中;正文华文行楷,五号,首行缩进2字符,两端对齐。

　　节日习俗:标题楷体_GB2312,小四,加粗,深蓝,居中;正文隶书,五号,首行缩进2字符,行距最小值0磅,两端对齐。

　　圣诞树:标题宋体,小四,加粗,青色,居中;正文方正舒体,五号,首行缩进2字符,行距最小值0磅,两端对齐。

　　圣诞卡:标题楷体_GB2312,小四,加粗,红色,居中;正文方正舒体,小五号,首行缩进1字符,行距最小值0磅,两端对齐。

　　完成文字和段落排版后的板报如图29.6所示。

图29.6　设置好字体、段落后的文本

(2)边框与底纹的设置如图29.7所示。

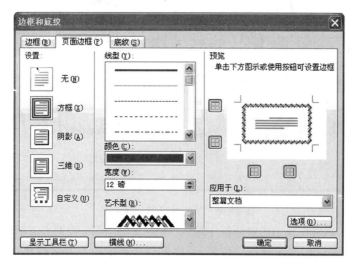

图29.7　边框和底纹设置

加上页面边框后的板报如图 29.8 所示。

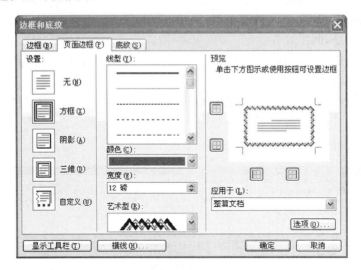

图 29.8 设置好边框和底纹的板报

第四步：插入图片及艺术字装饰板报

(1)插入艺术字"圣诞节"

单击"插入"→"图片"→"艺术字"，在弹出的对话框中选择相应艺术字型，如图 29.9 所示。

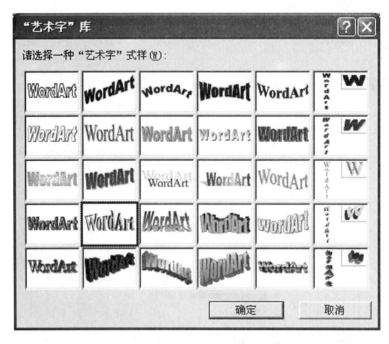

图 29.9 "'艺术字'库"对话框

单击"确定"按钮后在弹出的对话框中输入"圣诞节"三个字，设置方正舒体，36 号，加粗；

选定艺术字，用鼠标拖拽到相应位置，并调整到合适大小及合适形状；

右击艺术字→设置艺术字格式，设置填充颜色为过渡，预设"漫漫黄沙"，水平，如图

29.10所示。

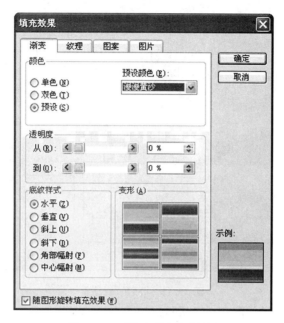

图 29.10 "填充效果"对话框

插入艺术字后板报如图 29.11 所示。

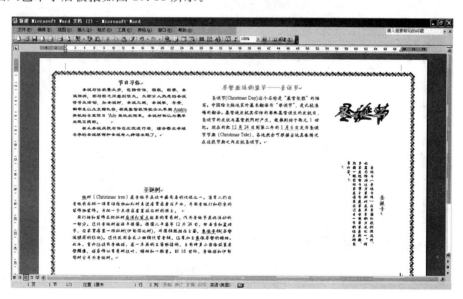

图 29.11 插入艺术字后的板报

(2)插入自选图形

单击"插入"→"图片"→"自选图形",在弹出的自选图形工具栏的标注中选云形标注；鼠标在板报中相应位置拖拽出云形标注,适当调整到合适形状。

右击标注边框→设置自选图形格式,版式为衬于文字下方,线条为 2.25 磅,橘黄色,实线,填充颜色为双色浅青绿,到自定义颜色填充效果,其中子定义颜色配置如图 29.12 所示。

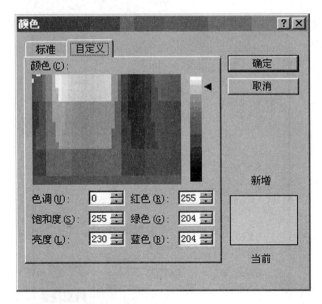

图 29.12 "颜色"对话框

插入自选图形后效果如图 29.13 所示。

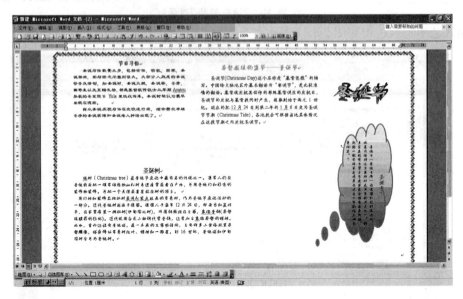

图 29.13 插入自选图形后的板报

(3)插入图片

单击"插入"→"图片"→"来自文件",选择相应图片插入到板报中;

右击图片→设置图片格式,设置版式为浮于文字上方;

拖拽图片到相应位置后,调整图片到适合大小;

再次设置图片格式,除了圣诞树,其他图片版式均设为衬于文字下方,对于圣诞礼物横幅和圣诞卡片等的图片,颜色为水印。

插入图片后板报效果如图 29.14 所示。

图 29.14　插入图片后的板报

第五步：插入页眉页脚

单击"视图"→"页眉和页脚"；

页眉插入"南昌大学科学技术学院"，页脚插入"班级"、"姓名"、"学号"。插入页眉页脚后板报制作已经完成，对板报中的纠错标记进行处理后，板报最终如图 29.14 所示。

第六步：保存并关闭 Word 文档

2. 利用 Word 表格制作某销售圣诞树公司圣诞树的库存情况表。表格内容结果如表 29.1 所示。

表 29.1　某公司圣诞树库存表

圣诞树库存统计表						
图片 ＼ 类别	产品名称	规格(树高)	产品描述		数量	报价(￥)
	自动树	4'	层：2，枝：12，叶：307；叶子：绿色；盆体：14″折叠脚		100	50 元/棵
	铅笔自动树	4.5'	层：3，枝：18，叶：330；叶子：绿色；盆体：14″折叠脚		20	80 元/棵
	松针红果松果闪光粉门口树	2'	叶：66；叶子：绿色；盆体：5″×6″黑金色塑料盆；饰物：红果＋松果＋银闪光粉		50	30 元/棵
总计					170	
公司地址：	深圳市龙岗区同富路第一工业区 18 栋			联系电话：	13534000000	

操作步骤：

(1)首先在新创建的 Word 文档中单击"表格"→"插入"，插入 6 列 7 行的规则表格。

(2)选择表格第一行，右击，在弹出的快捷菜单中选择"合并单元格"，写入表格标题"圣诞树库存统计表"，并设置成 4 号黑体、加粗、居中，字体颜色为红色。单元格底纹为黄色。

(3)选择第 2 行第 1 列单元格，单击"格式"→"边框和底纹"，在"边框"选项卡中设置方框，线型、颜色、宽度使用默认值，应用于设置为"单元格"，在预览中选择"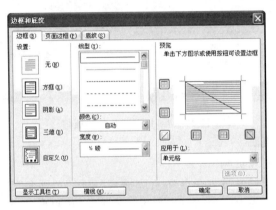"图标，对单元格画上对角线。如图 29.15 所示。在单元格中分别输入"类别"按回车键换行后再输入"图片"。

图 29.15　设置单元格对角线

(4)在表格中第一列的相应单元格中分别插入圣诞树的图片。

(5)选择整个表格，右击，在弹出的快捷菜单中选择"单元格对齐方式"→"上下水平居中"，如图 29.16 所示。

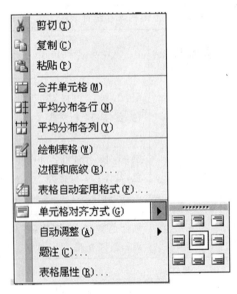

图 29.16　设置单元格内容对齐方式

（6）选择表格最后一行，先按上述方法合并单元格，再单击菜单"视图"→"工具栏"→"表格和边框"，打开表格和边框工具栏，选择自由绘制表格，在最后一行上按要求画出4个不规则单元格，分别输入要求内容。

（7）选择表格"总计"单元格右边的单元格，单击菜单"表格"→"公式"，输入公式"＝SUM(E3,E4,E5)"，如图29.17所示。

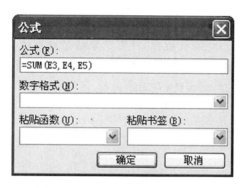

图 29.17　Word 表格统计功能

【实验内容】

1. 自己动手设计一期本班级的电子板报。

2. 在 Word 中按要求绘制如下表格，其中总评成绩利用 Word 的统计功能计算结果。总评成绩计算公式为：总评成绩＝平时成绩＋期末成绩＊70％。并在成绩统计中利用 Word 统计中的函数 count 计算各个分数段的人数。

2009—2010 学年第 二 学期考试考查成绩报告单				
学号	学生姓名	平时成绩	期末成绩	总评成绩
7023109001	王佳琪	28	57	
7023109002	殷翔宇	28	75	
7023109003	胡成款	28	66	
7023109004	谌彦霖	28	56	
7023109005	邹广	28	90	
7023109006	齐维菊	28	60	
7023109007	万云	28	58	

成　绩　统　计									
分数	人数	分数	人数	分数	人数	分数	人数	分数	人数
60 分以下		60—69		70—79		80—90		90—100	

实验 30　Excel 案例综合练习

【实验目的】

Excel 电子表格常用来分析、统计数据，计算结果清楚地在表格上显示，还可以利用 Excel 2003 强大的图表功能，形象地表达各数据间的关系。本实验利用 Excel 函数实现数据统计的自动化，从而实现一个简单的管理系统，它无须编程，简便易行。

【实验环境】

1. Windows XP 中文版；

2. Excel 2003 中文版。

【实验示例】

操作步骤：

1. 在 A1～J1 单元格中依次输入“序号”、“代码”、“名称”、“日期”、“昨收价”、“收盘价”、“成交量”、“涨跌”、“成交额”和“百分比”。

2. 选择 B2 单元格，输入数字形式的文本型数据“600014”，如图 30.1 所示，同样方法在 B3～B11 中输入内容。

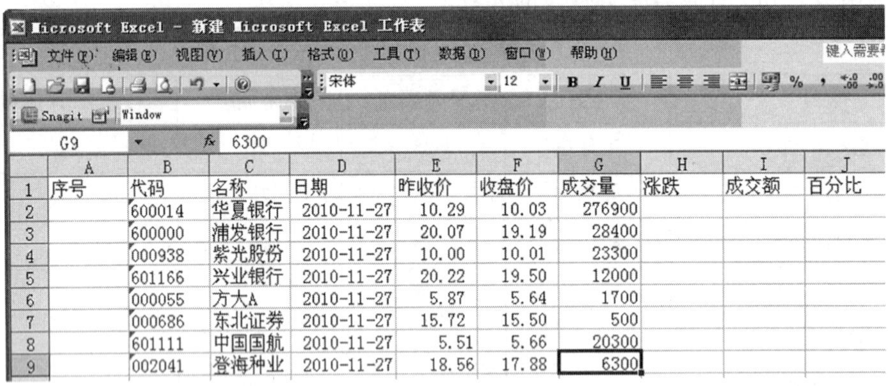

	A	B	C	D	E	F	G	H	I	J
1	序号	代码	名称	日期	昨收价	收盘价	成交量	涨跌	成交额	百分比
2		600014	华夏银行	2010-11-27	10.29	10.03	276900			
3		600000	浦发银行	2010-11-27	20.07	19.19	28400			
4		000938	紫光股份	2010-11-27	10.00	10.01	23300			
5		601166	兴业银行	2010-11-27	20.22	19.50	12000			
6		000055	方大A	2010-11-27	5.87	5.64	1700			
7		000686	东北证券	2010-11-27	15.72	15.50	500			
8		601111	中国国航	2010-11-27	5.51	5.66	20300			
9		002041	登海种业	2010-11-27	18.56	17.88	6300			

图 30.1　股票行情基本信息表

3. 选择 C2 单元格，输入文本“华夏银行”，同样方法在 C3～C11 中输入如图 30.1 所示内容。

4. 选择 D2 单元格，输入日期“2010-11-27”，同样方法，在 D3～D11 中输入和 D1 中相同的日期。

5. 选择 E2 单元格，输入数值“10.29”，保留两位有效数，同样方法在 E2～G11 中输入数值，如图 30.1 所示。

6. 在 A2 单元格中输入数值“1”，在 A3～A9 中采用自动填充方法产生“2”～“8”。

7. H1 单元格中的内容则通过公式计算数据，公式为：涨跌 =（收盘价－昨收价）/ 昨收价，如图 30.2 所示，采用“自动填充”方法填充 H3～H9 单元格数值。同样的方法计算出“成交额”中的数据(公式为：成交额 ＝成交量 * 收盘价)，如图 30.3 所示。

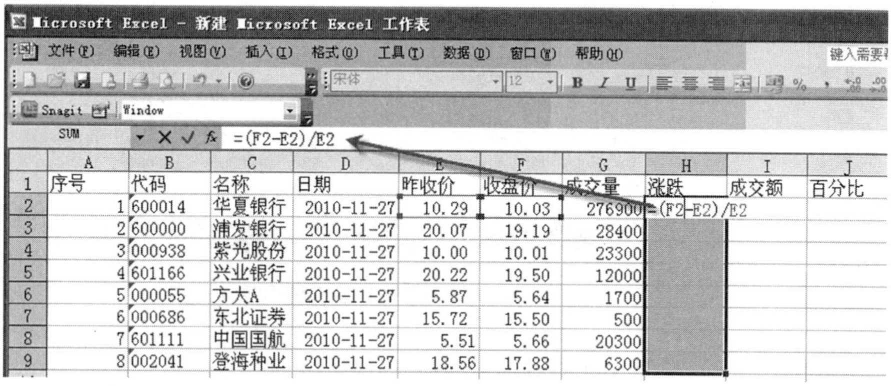

	A	B	C	D	E	F	G	H	I	J
1	序号	代码	名称	日期	昨收价	收盘价	成交量	涨跌	成交额	百分比
2	1	600014	华夏银行	2010-11-27	10.29	10.03	276900	=(F2-E2)/E2		
3	2	600000	浦发银行	2010-11-27	20.07	19.19	28400			
4	3	000938	紫光股份	2010-11-27	10.00	10.01	23300			
5	4	601166	兴业银行	2010-11-27	20.22	19.50	12000			
6	5	000055	方大A	2010-11-27	5.87	5.64	1700			
7	6	000686	东北证券	2010-11-27	15.72	15.50	500			
8	7	601111	中国国航	2010-11-27	5.51	5.66	20300			
9	8	002041	登海种业	2010-11-27	18.56	17.88	6300			

图 30.2　股票行情统计表 1

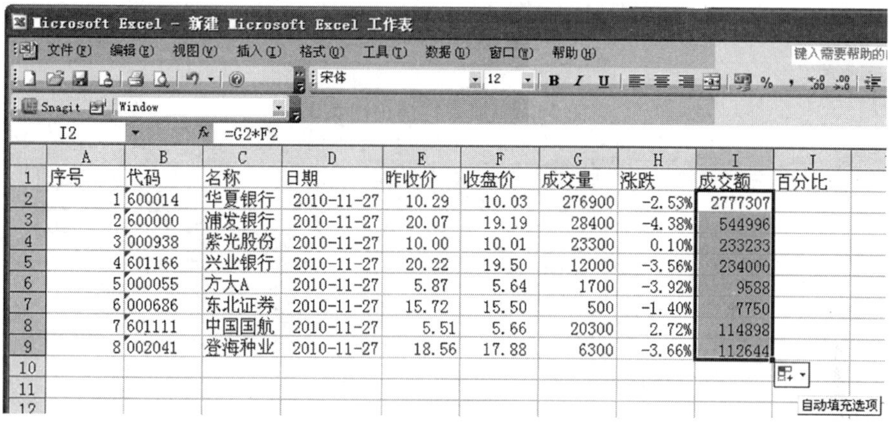

	A	B	C	D	E	F	G	H	I	J
1	序号	代码	名称	日期	昨收价	收盘价	成交量	涨跌	成交额	百分比
2	1	600014	华夏银行	2010-11-27	10.29	10.03	276900	-2.53%	2777307	
3	2	600000	浦发银行	2010-11-27	20.07	19.19	28400	-4.38%	544996	
4	3	000938	紫光股份	2010-11-27	10.00	10.01	23300	0.10%	233233	
5	4	601166	兴业银行	2010-11-27	20.22	19.50	12000	-3.56%	234000	
6	5	000055	方大A	2010-11-27	5.87	5.64	1700	-3.92%	9588	
7	6	000686	东北证券	2010-11-27	15.72	15.50	500	-1.40%	7750	
8	7	601111	中国国航	2010-11-27	5.51	5.66	20300	2.72%	114898	
9	8	002041	登海种业	2010-11-27	18.56	17.88	6300	-3.66%	112644	
10										
11										

图 30.3　股票行情统计表 2

8. 在 C10 单元格输入“总成交额”、C11 中输入“平均成交量”，在 I10 中采用函数计算数据的方式填写总成交额数值(总成交额＝成交额的总和)，如图 30.4 所示，在此，在 G13 中也采用函数计算数据的方式填写平均成交量数值。

9. 在 J2 单元格中通过公式计算数据(百分比＝成交额/总成交额)，如图 30.5 所示。

10. 选中第一行，右击，在弹出的快捷菜单中选择“插入”，则在该处插入一行空单元格，在 A1 单元格中输入“沪深证券所股市行情”。

11. 选择 Sheet1 工作表标签，右击，在弹出快捷菜单中选择“重命名”，输入工作表名称“股市行情”。

12. 设定工作表“股市行情”中表格的格式(如图 30.6 所示)：选择 A1 单元格，将文字格式设置为：黑体、22 号、加粗，通过同时选中并设置 A2～J2、C11、C12 等 12 个单元格的字体格式为：楷体、14 号；设置表格中数据格式为：“昨收价”、“收盘价”和“成交额”列的数字格式为：小数位为 2 位，并添加千位分隔符和人民币符号“￥”，“日期”列的日期型数据为“××年××月××日”的格式，“涨跌”和“百分比”列的数据带“%”号，并保留两位小数的格式；合并

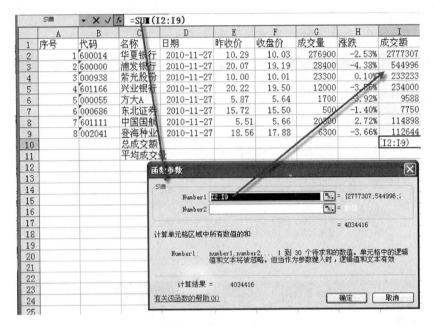

图 30.4　股票行情统计表 3

图 30.5　股票行情统计表 4

图 30.6　格式化后的股市行情表

A1～J1 单元格，其中的文字居于表格的正中间，标题和表头文字在单元格中水平方向和垂直方向均居中，“序号”和“名称”列数据水平为居中显示；表格的边框设置效果为：表格的外边框为“黑色、粗线条”；标题和表头的下边框为“黑色的粗线条”；表格的内边框的颜色为黑色的细线条；表格的图案（底纹）的设置效果为：标题的底纹为“黄色”，表头单元格的底纹为“青绿色”，序号和代码列的单元格底纹为“鲜绿色”；调整标题行行高为 27，表头行高为 21，“名称”列的宽度为 15，其他所有列的列宽为最合适的列宽。

13. 设置“收盘价”列数据的条件格式为：当满足调价“收盘价 > 昨收价”时，字体为“红色、加粗”；当满足条件“收盘价 < 昨收价”时，字体为“绿色、倾斜”；当满足条件“收盘价 = 昨收价”时，字体为“白色、加粗、底纹为灰色”，如图 30.6 所示。

14. 同时选中 C2:C10 和 J2:J10 区域，单击“插入”菜单，执行“图表”命令，打开“图表向导－4 步骤之 1－图表类型”对话框；在“图表类型”列表框中选择“饼图”，在“子图表类型”中选择第一行第二个“三维饼图”；单击“下一步”按钮，打开“图表向导－4 步骤之 2－图表源数据”对话框。单击“下一步”按钮，打开“图表向导－4 步骤之 3－图表选项”对话框，单击“标题”选项卡，在“图表标题”框中输入“成交额所占比例分布图”，单击“数据标志”选项卡，选择单选按钮“值”，单击“下一步”按钮，打开“图表向导－4 步骤之 4－图表位置”对话框；单击“作为其中的对象插入”单选按钮，然后单击“完成”按钮，图表创建完成调整图表大小，放置在工作表“股票行情”的 B14:H29 区域，如图 30.7 所示。

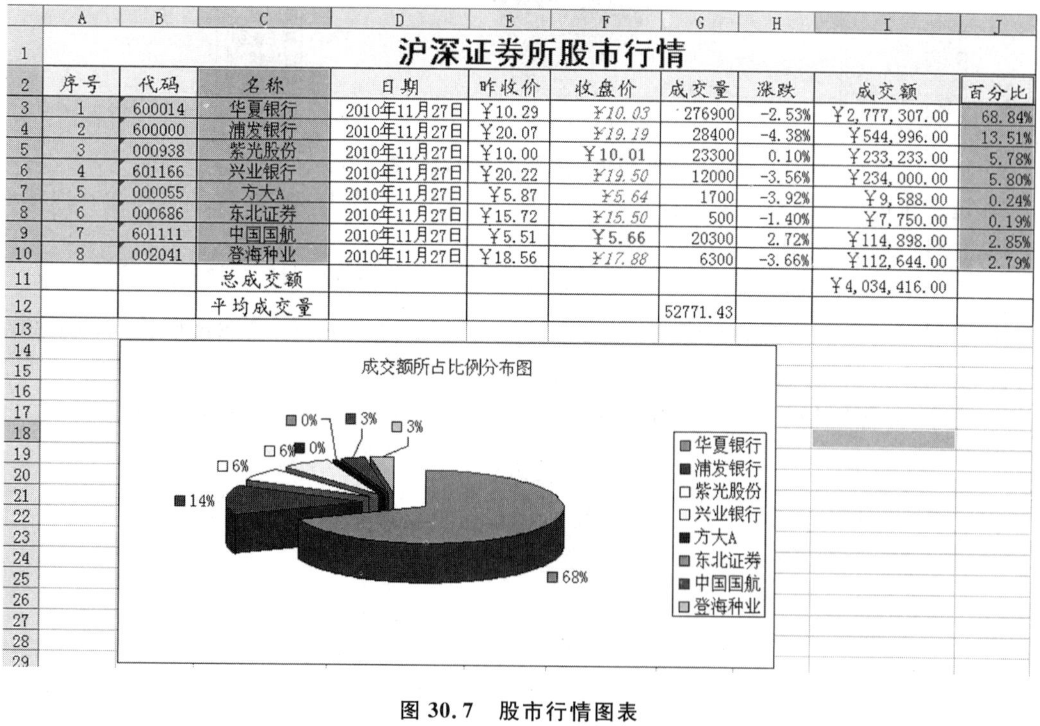
沪深证券所股市行情

序号	代码	名称	日期	昨收价	收盘价	成交量	涨跌	成交额	百分比
1	600014	华夏银行	2010年11月27日	￥10.29	￥10.03	276900	-2.53%	￥2,777,307.00	68.84%
2	600000	浦发银行	2010年11月27日	￥20.07	￥19.19	28400	-4.38%	￥544,996.00	13.51%
3	000938	紫光股份	2010年11月27日	￥10.00	￥10.01	23300	0.10%	￥233,233.00	5.78%
4	601166	兴业银行	2010年11月27日	￥20.22	￥19.50	12000	-3.56%	￥234,000.00	5.80%
5	000055	方大A	2010年11月27日	￥5.87	￥5.64	1700	-3.92%	￥9,588.00	0.24%
6	000686	东北证券	2010年11月27日	￥15.72	￥15.50	500	-1.40%	￥7,750.00	0.19%
7	601111	中国国航	2010年11月27日	￥5.51	￥5.66	20300	2.72%	￥114,898.00	2.85%
8	002041	登海种业	2010年11月27日	￥18.56	￥17.88	6300	-3.66%	￥112,644.00	2.79%
		总成交额						￥4,034,416.00	
		平均成交量				52771.43			

图 30.7 股市行情图表

【实验内容】

统计分析某单位职工工资调整情况，素材如图 30.8 所示。

	A	B	C	D	E	F	G	H	I	J
1					教职工岗位工资调整表					
2	序号	姓名	初聘岗时间	调整项目	原金额	调整金额	每月差额	补发月数	补发总额	百分比
3	1	王佳琪	20070801	薪级工资	300	420	120	8	960	1.17%
4	2	殷翔宇	20070801	薪级工资	420	540	120	22	2640	3.21%
5	3	胡成欢	20070801	岗位工资	425	490	165	22	3630	4.42%
6				薪级工资	285	210				
7				绩效工资	575	750				
8	4	谌彦霖	20070801	薪级工资	165	245	80	22	1760	2.14%
9	5	邹广	20070801	岗位工资	490	770	807	22	17754	21.62%
10				薪级工资	310	330				
11				绩效工资	1035	1542				
12	6	罗丹	20070801	岗位工资	490	770	807	22	17754	21.62%
13				薪级工资	310	330				
14				绩效工资	1035	1542				
15	7	兰长明	20070801	岗位工资	490	770	807	22	17754	21.62%
16				薪级工资	310	330				
17				绩效工资	1035	1542				
18	8	梅毅	20070801	岗位工资	490	770	887	22	19514	23.76%
19				薪级工资	310	410				
20				绩效工资	1035	1542				
21	9	肖鹰	20080901	岗位工资	385	425	40	9	360	0.44%
22				总计	9895				82126	

图 30.8　教职工工资统计表

1.按素材内容在 Excel 中设计工资表并输入相关内容,如序号、姓名、工号、初聘岗位时间、调整项目、原金额、调整金额以及补发月数等。

2.利用 Excel 的统计函数在表格中黄色区域里填上恰当的公式。

3.设置好每个单元格的格式,在调整项目列中利用"条件格式"功能把调整后的金额小于调整前的金额的单元格格式设置为"斜体"、"红色"字体。

4.选中"姓名"列和"百分比"列内容插入饼状统计图表,并放在 B23:I37 区域中。

实验 31 计算机基础操作综合练习

【实验目的】

1.练习在 Windows XP 操作系统下对文件和目录的管理；

2.练习 Word、Excel、PowerPoint 应用软件的使用；

3.练习电子邮件的收发。

【实验环境】

1.学生计算机连接到 Internet 网络；

2.Windows XP 中文版；

3.Office 2003 办公软件。

【实验示例】

操作步骤：

(1)打开资源管理器，在 C:\ 下新建一个"Word 文档"文件夹，在 C:\ 盘中查找 DOC 格式的文件，选中前 3 个复制到"Word 文档"文件夹中，并按日期排列桌面上的图标，如图 31. 1 所示。

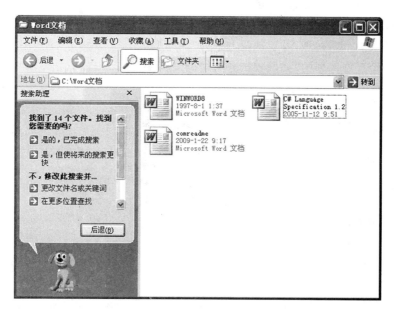

图 31.1 Word 文档列表

(2)在桌面上建立"资源管理器"的快捷方式，并将其放在桌面上，如图 31.2 所示；隐藏 Windows 的任务栏，并去掉任务栏上的时间显示，如图 31.3 所示。

图 31.2　在桌面上创建资源管理器的快捷方式　　图 31.3　任务栏属性对话框

(3)在"Word 文档"文件夹里新建一个 Word 文档,命名为"计算机基础操作",对所给素材按照要求排版,如图 31.4 所示。

要求:

①设置标题文字"狼来了"楷体_GB2312、三号、加粗、蓝色、居中对齐。

②将标题"狼来了"加上文字边框,框线颜色为蓝色,填充色为 20%灰色。

③将文中"小孩"更改为"顽皮的小孩"。

④为当前文档背景添加纹理,选择"新闻纸"。

⑤将当前文档的页面设置为 A4 纸型,方向为纵向。

⑥任意插入一个剪贴画,设置环绕方式为"四周型"。

⑦制作一个 5 行 3 列的"我国狼群分布情况"表。

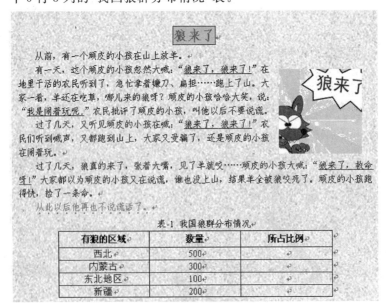

图 31.4　按要求排好版的 Word 文档

（4）在 C:\盘下新建一个 Excel 工作簿，命名为"狼群分布"，把上述素材中"我国狼群分布情况"表的内容复制到"狼群分布"工作簿当中新建的"统计表.1"工作表中，如图 31.5 所示。

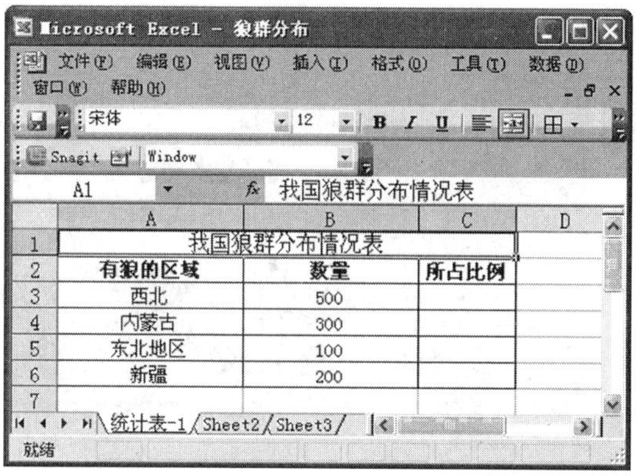

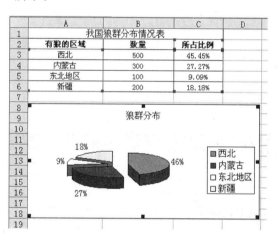

图 31.5　Excel 中建立"统计表.1"

（5）在"狼群分布"工作簿里对"我国狼群分布情况表"做统计分析，要求如下：

①计算狼在各地区所在的比例值。

②选择"有狼的区域"和"所占比例"两列数据，绘制嵌入式"分离型三维饼图"，在"数据标志"中选择"显示百分比"，图表标题为"狼群分布"。嵌入在 A8:D18 区域中。

操作结果如图 31.6 所示。

图 31.6　按要求做好的狼群分布情况表

（6）把上述素材填写到 PowerPoint 中。要求如下：

①制作一张幻灯片，要求插入素材中第一段文字。

②设置文字的字体：24 号字，斜体。

③将该段文字的行间距设为 1 行。

④将该幻灯片背景设置为渐变"漫漫黄沙"

⑤以"狼来了"为文件名，在 C:\盘根目录下保存做好的 PPT 文档。

操作结果如图 31.7 所示。

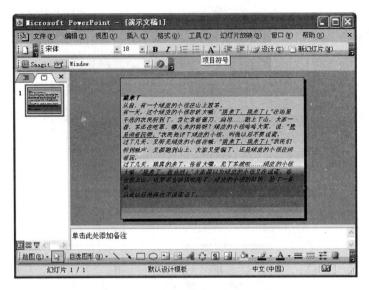

图 31.7 做好的"狼来了"PPT 文件

(7)利用 Outlook Express 软件把上述"计算机基础操作.doc"作为附件发送邮件给自己的老师。格式要求如下：

【收件人】meiyi7766@163.com(视具体老师的邮箱地址而定)

【抄送】

【主题】狼来了

【附件】计算机基础操作.doc

【邮件内容】

×××老师：计算机基础知识 Word 排版练习已完成，请审阅。

操作结果如图 31.8 所示。

图 31.8 邮件撰写窗口

【实验内容】

1.打开资源管理器,在C:\盘下新建一个"我的文档"文件夹,在C:\盘中查找DOC格式的文件,选中前3个复制到"Word文档"文件夹中,并按日期排列桌面上的图标。

2.建立资源管理器的快捷方式。

3.在"我的文档"文件夹里新建一个Word文档,命名为"计算机应用基础练习",并对以下文字按要求进行排版。

要求:

(1)设置标题文字"学生与教学"隶书、二号、加粗、蓝色。

(2)将标题"学生与教学"置于文本框中,框线颜色为蓝色,填充色为灰色。

(3)插入任意剪贴画,设置环绕方式"四周型"。

学生与教学

根据大多数地区的学习机关小学、中学、大学而分为:小学生、中学生、大学生(本科生、研究生、硕士、博士、博士后等),特别是博士后,很容易形成误解,就是"博士后是博士以上的学位",实际上博士后站是一种工作站,具有流动性。凡符合条件的博士可在国家认证地博士后流动站申请成为博士后,期间做相应的研究项目,期满了以后可以出站。为进一步完善我国的博士后制度,激励广大博士后研究人员奋发努力,在科研工作中做出更大成绩,全国博士后管委会第十三次会议研究决定,给期满出站并且工作达到一定标准的博士后(一般为两年)研究人员颁发《博士后证书》。所以说"博士后"其实是一种工作,而拥有"博士"学位是申请成为"博士后"必要条件等。

按学生的发展潜能来分类,学生可以分为好学生、有争议学生和另类学生。

4.在"我的文档"文件夹里新建一个工作簿文件:课程成绩单.XLS,对工作表命名为"课程成绩单",将表31.1的内容填写到工作表里,对数据清单的内容进行自动筛选,条件为"期末成绩大于或等于60并且小于或等于80",筛选后的工作表另存为:"C:\我的文档\课程成绩单(筛选完成).XLS",工作表名不变。

表31.1 学生成绩表

学号	姓名	课程说明	课程编号	期中成绩	期末成绩
100103001	查皓	软件设计	X02210096	84	75
100103002	耿欣	电子商务	X61081021	80	82
100103003	黄华英	软件设计	X02210096	78	65
100103004	黄伟新	电子商务	X61081021	73	64
100103005	李伟	数据结构	X02210456	93	95
100103006	陈利方	电子商务	X61081021	82	82
100103007	曹发正	数据结构	X02210456	78	73

5.按照下列要求制作一张幻灯片:

(1)在"我的文档"里新建一个PPT文档,命名为"我的演示文稿.ppt"。

(2)打开"我的演示文稿.ppt"文档,插入2张幻灯片。

(3)在第一张幻灯片上插入一张.jpg 类型的图片;在第二张幻灯片上插入一个文本框,内容为"我的文档"。

(4)对两张幻灯片上的两个对象分别添加进人为:飞入、棋盘式的动画效果。

(5)自定义放映该张幻灯片,观察放映效果。

6.按照下列要求同时给多人发送邮件:

【收件人】a@163.com;b@163.com;c@sina.com(其中 a,b,c 假设为 3 位同学的 E-mail 地址)

【抄送】

【主题】通知

【邮件内容】

请于本周四到实验楼五楼 510 进行计算机实验考试模拟练习。

实验 32　Internet 应用综合练习

【实验目的】

练习在淘宝网上进行购物,锻炼网络实际运用能力。

【实验环境】

1. 学生计算机连接到 Internet 网络;

2. Windows XP 中文版。

【实验示例】

操作步骤:

(1)打开 IE 浏览器,在地址栏里输入 www. taobao. com,打开淘宝首页,如图 32.1 所示。

图 32.1　淘宝网首页

(2)在首页中找到"免费注册",单击"免费注册"按钮,选择"邮箱注册",弹出注册页面,填写自己的注册信息,如图 32.2 所示。

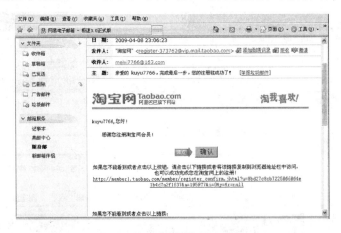

图 32.2 注册信息页面

(3)到自己注册信息时填写的邮箱中收取一封来自淘宝的账号激活信件,通过信件的内容激活在淘宝的注册账号,如图 32.3 所示。单击"确认"按钮完成账号激活,如图 32.4 所示。

图 32.3 邮件中的激活信息

图 32.4 注册成功提示窗口

(4)完成账号激活后,接下来就是去查看自己的支付宝账户信息。在"注册成功"页面的下端找到"查看支付宝账户",如图 32.5 所示,单击此链接,在弹出的页面上找到"查看我的支付宝",点击此链接查看自己的账户信息,如图 32.6 所示。

图 32.5 查看支付宝账户

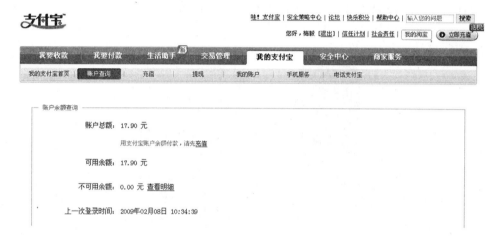

图 32.6 支付宝账户信息

(5)完成淘宝账号的注册和支付宝账号的注册后,我们就可以在淘宝网上选购自己想买的商品了。打开淘宝页面,用刚刚注册的淘宝账号登录网站。在主页搜索栏中就可以输入我们想要买的商品。比如输入"韩版秋装",如图 32.7 所示。单击"搜索"按钮后出现商品列表,如图 32.8 所示。

图 32.7 在淘宝网站搜索商品

图 32.8 浏览商品

（6）选中自己所要购买的商品，单击图片链接，弹出购买窗口，如图 32.9 所示。

图 32.9 商品购买窗口

（7）在购买窗口中单击"立刻购买"按钮，弹出"确认购买"窗口，在该窗口中需要填写购物者的收货地址信息，如图 32.10 所示。

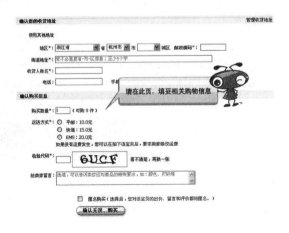

图 32.10 确认购买窗口

(8)确认购买后,弹出付款窗口,如图 32.11 所示。根据系统提示一步一步完成付款操作。此支付过程与淘宝网站无关,一般由相关银行保证网上支付的安全性。最终把钱先付到了支付宝中,而不是直接支付到卖家手里,如图 32.12 所示。

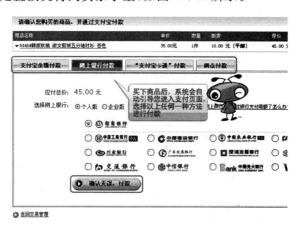

图 32.11 付款窗口

图 32.12 支付货款成功窗口

(9)查看卖家发货状态,如图 32.13 所示。

图 32.13 查看卖家状态

(10)收到货物后需要在网上确认收货,并将先前支付到支付宝里的钱真正付给卖家。此过程如图32.14、图32.15、图32.16、图32.17所示。

图 32.14　登录"我的淘宝"　　　　图 32.15　选择"已买到的宝贝"

图 32.16　确认将款项付给卖家

图 32.17　付款确认

（11）交易成功后，别忘记给对方一个评价，这样会提升对方的信誉度，如图 32.18 所示。

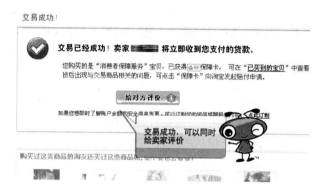

图 32.18 给卖家一个合适的评价

【实验内容】

在淘宝网购买商品是支持支付宝交易的，用户可放心购买，简单来说购物分以下 4 个步骤：

第一步：浏览商品并拍下（放入购物车里）喜欢的商品；

第二步：付款（此付款动作是把钱付到支付宝而不是卖家的账户里）；

第三步：等待卖家发货；

第四步：确认收货（此动作是在收到货并没有问题的情况下，把之前支付到支付宝的钱打款给卖家）。

根据上述购物过程，学生自己尝试在淘宝网上购买一件自己喜欢的商品。

全国计算机等级考试一级 MS Office 考试大纲

◆**基本要求**

1.具有使用微型计算机的基础知识(包括计算机病毒的防治常识)。

2.了解微型计算机系统的组成和各组成部分的功能。

3.了解操作系统的基本功能和作用,掌握 Windows 的基本操作和应用。

4.了解文字处理的基本知识,掌握 Word 输入方法,熟练掌握一种汉字(键盘)的基本操作和应用。

5.了解电子表格软件基本知识,掌握 Excel 的基本操作和应用。

6.了解演示文稿的基本知识,掌握 PowerPoint 的基本操作和应用。

7.了解计算机网络的基本概念和因特网(Internet)的初步知识,掌握 IE 浏览器软件和 Outlook Express 软件的基本操作和使用。

◆**考试内容**

一、基础知识

1.计算机的概念、类型及其应用领域;计算机系统的配置及主要技术指标。

2.数制的概念,二进制整数与十进制整数之间的转换。

3.计算机的数据与编码。数据的存储单位(位、字节、字);西文字符与 ASCII 码;汉字及其编码(国标码)的基本概念。

4.计算机的安全操作,病毒的概念及其防治。

二、微型计算机系统的组成

1.计算机硬件系统的组成和功能:CPU、存储器(ROM、RAM)以及常用的输入输出设备的功能。

2.计算机软件系统的组成和功能:系统软件和应用软件,程序设计语言(机器语言、汇编语言、高级语言)的概念。

3.多媒体计算机系统的初步知识。

三、操作系统的功能和使用

1.操作系统的基本概念、功能、组成和分类(DOS、Windows、UNIX、Linux)。

2.Windows 操作系统的基本概念和常用术语,文件、文件名、目录(文件夹)、目录(文件夹)树和路径等。

3.Windows 操作系统的基本操作和应用。

(1)Windows 概述、特点和功能、配置和运行环境。

(2)Windows"开始"按钮、"任务栏"、"菜单"、"图标"等的使用。

(3)应用程序的运行和退出。

(4)掌握资源管理系统"我的电脑"或"资源管理器"的操作与应用。文件和文件夹的创建、移动、复制、删除、更名、查找、打印和属性设置。

(5)软盘格式化和整盘复制,磁盘属性的查看等操作。

(6)中文输入法的安装、删除和选用。

(7)在 Windows 环境下,使用中文 DOS 方式。

(8)快捷方式的设置和使用。

四、字表处理软件的功能和使用

1.字表处理软件的基本概念,中文 Word 的基本功能、运行环境、启动和退出。

2.文档的创建,打开和基本编辑操作,文本的查找与替换,多窗口和多文档的编辑。

3.文档的保存、保护、复制、删除、插入和打印。

4.字体格式、段落格式和页面格式等文档编排的基本操作,页面设置和打印预览。

5.Word 的对象操作:对象的概念及种类,图形、图像对象的编辑,文本框的使用。

6.Word 的表格功能:表格的创建,表格中数据的输入与编辑,数据的排序和计算。

五、电子表格软件的功能和使用

1.电子表格的基本概念,中文 Excel 的功能、运行环境、启动和退出。

2.工作簿和工作表的基本概念,工作表的创建、数据输入、编辑和排版。

3.工作表的插入、复制、移动、更名、保存和保护等基本操作。

4.单元格的绝对地址和相对地址的概念,工作表中公式的输入与常用函数的使用。

5.数据清单的概念,记录单的使用,记录的排序、筛选、查找和分类汇总。

6.图表的创建和格式设置。

7.工作表的页面设置、打印预览和打印。

六、电子演示文稿软件的功能和使用

1.中文 PowerPoint 的功能、运行环境、启动和退出。

2.演示文稿的创建、打开和保存。

3.演示文稿视图的使用,幻灯片的制作、文字编排、图片和图表插入及模板的选用。

4.幻灯片的手稿和删除,演示顺序,多媒体对象的插入,演示文稿的打包和改变,幻灯片格式的设置,幻灯片放映效果的设置。

七、因特网(Internet)的初步知识和使用

1.计算机网络的概念和分类。

2.因特网的基本概念和接入方式。

3.因特网的简单应用:拨号连接、浏览器(IE 6.0)的使用,电子邮件的收发和搜索引擎的使用。

全国计算机等级考试一级 MS Office 考试样题

一、选择题(每题 1 分,共 20 分)

1. 计算机之所以按人们的意志自动进行工作. 最直接的原因是因为采用了( )。

A. 二进制数制

B. 高速电子元件

C. 存储程序控制

D. 程序设计语言

2. 微型计算机主机的主要组成部分是( )。

A. 运算器和控制器

B. CPU 和内存储器

C. CPU 和硬盘存储器

D. CPU、内存储器和硬盘

3. 一个完整的计算机系统应该包括( )。

A. 主机、键盘和显示器

B. 硬件系统和软件系统

C. 主机和其他外部设备

D. 系统软件和应用软件

4. 计算机软件系统包括( )。

A. 系统软件和应用软件

B. 编译系统和应用系统

C. 数据库管理系统和数据库

D. 程序、相应的数据和文档

5. 微型计算机中,控制器的基本功能是( )。

A. 进行算术和逻辑运算

B. 存储各种控制信息

C. 保持各种控制状态

D. 控制计算机各部件协调一致地工作

6. 计算机操作系统的作用是( )。

A. 管理计算机系统的全部软、硬件资源,合理组织计算机的工作流程,以达到充分发挥计算机资源的效率,为用户提供使用计算机的友好界面

B. 对用户存储的文件进行管理,方便用户

C. 执行用户输入的各类命令

D. 为汉字操作系统提供运行基础

7. 计算机的硬件主要包括中央处理器(CPU)、存储器、输出设备和( )。

A. 键盘

B. 鼠标

C. 输入设备

8. 下列各组设备中,完全属于外部设备的一组是( )。

A. 内存储器、磁盘和打印机

B. CPU、软盘驱动器和 RAM

C. CPU、显示器和键盘

D. 硬盘、软盘驱动器、键盘

9. 五笔字型码输入法属于( )。

A. 音码输入法

B. 形码输入法

C. 音形结合输入法

D. 联想输入法

10. 一个 GB2312 编码字符集中的汉字的机内码长度是( )。

A. 32 位

B. 24 位

C. 16 位

D. 8 位

11. RAM 的特点是( )。

A. 断电后,存储在其内的数据将会丢失

B. 存储在其内的数据将永久保存

C. 用户只能读出数据,但不能随机写入数据

D. 容量大但存取速度慢

12. 计算机存储器中,组成一个字节的二进制位数是( )。

A. 4 B. 8 C. 16 D. 32

13. 微型计算机硬件系统中最核心的部件是( )。

A. 硬盘 B. I/O 设备 C. 内存储器 D. CPU

14. 无符号二进制整数 10111 转变成十进制整数,其值是( )。

A. 17 B. 19 C. 21 D. 23

15. 一条计算机指令中,通常包含( )。

A. 数据和字符 B. 操作码和操作数

C. 运算符和数据 D. 被运算数和结果

16. KB(千字节)是度量存储器容量大小的常用单位之一,1KB 实际等于( )。

A. 1000 个字节 B. 1024 个字节

C. 1000 个二进位 D. 1024 个字

17. 计算机病毒破坏的主要对象是( )。

A. 磁盘片 B. 磁盘驱动器

C. CPU D. 程序和数据

18. 下列叙述中,正确的是( )。

A. CPU 能直接读取硬盘上的数据 B. CPU 能直接存取内存储器中的数据

C. CPU 有存储器和控制器组成 D. CPU 主要用来存储程序和数据

19. 在计算机技术指标中,MIPS 用来描述计算机的( )。

A. 运算速度 B. 时钟主频 C. 存储容量 D. 字长

20. 局域网的英文缩写是( )。

A. WAM B. LAN C. MAN D. Internet

二、汉字录入(10 分钟)

录入下列文字,方法不限,限时 10 分钟。

[文字开始]

万维网(World Wide Web 简称 Web)的普及促使人们思考教育事业的前景,尤其是在能够充分利用 Web 的条件下计算机科学教育的前景。有很多把 Web 有效地应用于教育的例子,但也有很多误解和误用。例如,有人认为只要在 Web 上发布信息让用户通过 Internet 访问就万事大吉了,这种简单的想法具有严重的缺陷。有人说 Web 技术将会取代教师从而导致教育机构的消失。

[文字结束]

三、Windows 的基本操作(10 分)

1. 在考生文件夹下创建一个 book 新文件夹。

2. 将考生文件夹下 votuna 文件夹中的 boyable. doc 文件复制到同一文件夹下，并命名为 syad. doc。

3. 将考生文件夹 bena 文件夹中的文件 product. wri 的"隐藏"和"只读"属性撤销，并设置为"存档"属性。

4. 将考生文件夹下 jieguo 文件夹中的 piacy. txt 文件移动到考生文件夹中。

5. 查找考生文件夹中的 anews. exe 文件，然后为它建立名为 rnew 的快捷方式，并存放在考生文件夹下。

四、Word 操作题（25 分）

1. 打开考生文件夹下的 Word 文档 wd1. doc，其内容如下：

[wd1. doc 文档开始]

负电数的表示方法

负电数是指小数点在数据中的位置可以左右移动的数据，它通常被表示成：N＝M？RE，这时，M 称为负电数的尾数，R 称为阶的基数，E 称为阶的阶码。

计算机中一般规定 R 为 2、8 或 16，是一常数，不需要在负电数中明确表示出来。

要表示负电数，一是要给出尾数，通常用定点小数的形式表示，它决定了负电数的表示精度；二是要给出阶码，通常用整数形式表示，它指出小数点在数据中的位置，也决定了负电数的表示范围。负电数一般也有符号位。

[wd1. doc 文档结束]

按要求对文档进行编辑、排版和保存：

(1)将文中的错词"负电"更正为"浮点"。将标题段文字（"浮点数的表示方法"）设置为小二号楷体 GB_2312、加粗、居中、并添加黄色底纹；将正文各段文字（"浮点数是指……也有符号位。"）设置为五号黑体；各段落首行缩进 2 个字符，左右各缩进 5 个字符，段前间距位 2 行。

(2)将正文第一段（"浮点数是指……阶码。"）中的"N＝M？RE"的"E"变为"R"的上标。

(3)插入页眉，并输入页眉内容"第三章 浮点数"，将页眉文字设置为小五号宋体，对齐方式为"右对齐"。

2. 打开考生文件夹下的 Word 文档 wd2. doc 文件，其内容如下：

[wd2. doc 文档开始]

[wd2. doc 文档结束]

按要求完成以下操作并原名保存：

(1)在表格的最后增加一列，列标题为"平均成绩"；计算各考生的平均成绩插入相应的单元格内，要求保留小数 2 位；再将表格中的各行内容按"平均成绩"的递减次序进行排序。

(2)表格列宽设置为 2.5 厘米，行高设置为 0.8 厘米；将表格设置成文字对齐方式为垂直和水平居中；表格内线设置成 0.75 实线，外框线设置成 1.5 磅实线，第 1 行标题行设置为灰色－25％的底纹；表格居中。

五、Excel 操作题（15 分）

考生文件夹有 Excel 工作表如下：

按要求对此工作表完成如下操作：

1.将表中各字段名的字体设为楷体、12号、斜体字。

2.根据公式"销售客=各商品销售额之和"计算各季度的销售额。

3.在合计一行中计算出各季度各种商品的销售额之和。

4.将所有数据的显示格式设置为带千位分隔符的数值,保留两位小数。

5.将所有记录按销售额字段升序重新排列。

六、PowerPoint 操作题(10分)

打开考生文件夹下的演示文稿 yswg,按要求完成操作并保存。

1.幻灯片前插入一张"标题"幻灯片,主标题为"什么是21世纪的健康人?",副标题为"专家谈健康";主标题文字设置:隶书、54磅、加粗;副标题文字设置成:宋体、40磅、倾斜。

2.全部幻灯片用"应用设计模板"中的"Soaring"做背景;幻灯片切换用:中速、向下插入;标题和正文都设置成左侧飞入。最后预览结果并保存。

七、因特网操作题(10分)

1.某模拟网站的主页地址是:打开此主页,浏览"中国地理"页面,将"中国地理的自然数据"的页面内容以文本文件的格式保存到考生目录下,命名为"zrdl"。

2.向阳光小区物业管理部门发一个 E-mail,反映自来水漏水问题。具体内容如下:

【收件人】

【抄送】

【主题】自来水漏水

【函件内容】"小区管理负责同志:本人看到小区西草坪中的自来水管漏水已有一天了,无人处理,请你们及时修理,免得造成更大的浪费。"